Weltwirtschaftlicher Stand und Aufgaben der Elektroindustrie

von

Dr. G. Respondek

Ingenieur bei Dr. Erich F. Huth
Ges. für Funkentelegraphie m. b. H. Berlin

Springer-Verlag Berlin Heidelberg GmbH
1920

ISBN 978-3-662-22756-5   ISBN 978-3-662-24687-0 (eBook)
DOI 10.1007/978-3-662-24687-0

Alle Rechte, insbesondere das der Übersetzung
in fremde Sprachen, vorbehalten.

Vorwort.

Die Arbeit verfolgt den Zweck, aus den unzusammenhängenden Nachrichten, die über das Gebiet der Elektroindustrie für die einzelnen Länder vorliegen, ein deutlicheres Bild nach Ziel und Richtung der weltwirtschaftlichen Entwicklung zu entwerfen. Die Kenntnis dieser Entwicklung ist von grundlegender Wichtigkeit, da nur auf diesem Wege Schlüsse für die nächste Zukunft möglich sind. Ein stark fühlbarer Wettbewerb wird der deutschen Elektroindustrie auf allen ihren Spezialgebieten entgegentreten. Hat doch die Leistungsfähigkeit der einzelnen Industrien während des Krieges und die Aufnahmefähigkeit des Marktes nach dem Kriege eine wesentliche Änderung erfahren.

In der wirtschaftlichen Struktur der Welt aber sind Änderungen eingetreten. Die alten Formen des internationalen Handels besitzen nicht mehr die Wirksamkeit, und die Zeit erfordert neue Arbeits- und Geschäftsmethoden, von denen erst die Grundrichtungen zum Vorschein kommen. Die Forderungen nach staatlichem Schutz und die Maßnahme der Zusammenschlüsse kennzeichnen diese Formen. Überall entstehen Großvereinigungen der Erzeuger, Arbeitgeber, Arbeitnehmer und der Verbraucher, welche die Anbau-, Ausfuhr- und Preisbedingungen erfassen und sie in den Kreis der Bearbeitung ihrer Wirtschaftsbeziehungen hineinziehen. Deutschland wird innen und außen in großen Einheiten arbeiten und sich einem Wirtschaftskonzern anschließen müssen, um mit den Erfordernissen der internationalen Wirtschaft im Einklang zu stehen. Hierfür kommt zunächst nur Amerika in Frage.

Englands und Frankreichs wirtschaftliches Ziel ist, die wirtschaftliche Diktatur gegen Deutschland und Rußland aufzurichten, Englands und Frankreichs politisches Ziel aber, die soziale Bewegung und die neuen Ideen zurückzudrängen. Die Masse will, wenn nicht von innen, so auf dem Wege der Zerstörung, eine befriedigende

Ordnung. Diese Neuordnung wird aber ohne Hinzuziehung von ausländischem Kapital nicht möglich sein, und ein politisches System der Wirtschaftsorganisation, das sich von allen kapitalistischen Interessen loslöst, ist nicht lebensfähig. Deutschland wird so auch unter dem Drucke des Versailler Friedens die neue Wirtschaftsform entwickeln müssen, um den Hand- und Kopfarbeiter in den Produktionsprozeß einzuordnen, ohne daß die freie Entschlußfähigkeit der Führung vernichtet wird.

Es ist natürlich nicht möglich, in dieser Arbeit eine erschöpfende Übersicht von der weltwirtschaftlichen Durchdringung der einzelnen Zweige der Elektroindustrie und der mit ihnen arbeitenden Finanzgruppen zu geben. Wohl aber werden die Richtlinien erkennbar werden, unter denen auch die Elektroindustrie der Welt zu arbeiten gedenkt. Die Einteilung ist demnach derartig, daß vor allem dem amerikanisch-englischen Block der germanisch-slavische gegenübergestellt ist. Eine Rechtfertigung für diese Unterteilung liegt vor, da ja die amerikanisch-englische Industrie in allen Fragen die vollkommen selbständige Entscheidung hat, von dem Wiederaufbau Deutschlands aber die Reorganisation Rußlands und damit die Wiederbelebung Europas abhängen wird.

Wenn es gelungen sein sollte, dieses Ziel nur annäherungsweise zu kennzeichnen, so wird auch dem Fachmann, der für sein Gebiet mitten in der Entwicklung steht, diese kurze zusammenfassende Darstellung nicht unwillkommen sein.

G. Respondek.

Inhaltsverzeichnis.

Der angelsächsische Wirtschaftskörper.

Die Vereinigten Staaten von Nordamerika.

Bei den Vereinigten Staaten gestattet die Fülle des Stoffes nicht, genau auf die mächtigen Energiequellen des Landes, ihre Ergiebigkeit, Lage und Verteilung einzugehen. Hier kann nur ein Bild entworfen werden, das für weitere Schlüsse über Leistung der Industrie für das Inland und Ausland die Unterlage bieten wird. Ganz besonders kann das fundamentale Problem „der Ausbau der Energiequellen" in seiner Größe nur an einigen Beispielen gezeigt werden.

Der Kraftbedarf steigt von Jahr zu Jahr mit großer Schnelligkeit. Der größte Teil dieses Kraftbedarfes wird auch in Zukunft aus der Kohle gewonnen werden. Die Steigerung der Kohlenkosten und vielleicht auch die Erschöpfung der Felder wird aber bald die Hauptlast nach den Wasserkräften schieben.

Seit 1840 hat sich der Kohlenverbrauch der Vereinigten Staaten alle 10 Jahre etwa verdoppelt.

Er betrug

1840	2	Millionen t
1850	7	„ „
1860	14	„ „
1870	33	„ „
1880	71	„ „
1890	157	„ „
1900	269	„ „
1910	501	„ „
1918	685	„ „

Der Kohlenbedarf hat im Jahre 1919 gegen 900 Mill. t erreicht und steigt jetzt jährlich wenigstens um 60 Mill. t. Der Jahresbedarf der Industrie an Energie beträgt rund 220 Mill. kW-Jahre. Eine Energiequelle des Landes wäre bereits imstande, diesen Bedarf zu decken. Die Messungen über die Regenhöhe zeigen, daß aus kleinen Wasserkräften jährlich 380 Mill. kW-Jahre gewonnen werden können, was bei 60 v. H. Wirkungsgrad dem Bedarf der Industrie entsprechen würde. Der größte Teil dieser kleinen Wasserkräfte, die in bedeutenden Höhen über dem Meeresspiegel liegen und auf viele Gebirgsflüsse und -bäche verteilt sind, könnte für Kleinkraftzwecke mit vereinfachten Einrichtungen ausgebaut werden. Die Ausnützung der

Wasserkräfte würde zu einer Ersparnis von etwa 300 Mill. t Kohle führen und 400 000 Arbeiter, die jetzt mit der Förderung und dem Transport der Brennstoffe beschäftigt sind, für andere Arbeiten freimachen, das Eisenbahnwesen um wenigstens 200 000 Güterwagen und 5000 Lokomotiven entlasten und die Bedienung der Wasserwerke nur mit 40 000 Mann belasten.

Der gesteigerte Bedarf an elektrischer Kraft hat eine Reihe von Gesellschaften veranlaßt, ihre Wasserkraftanlagen weiter auszubauen und neue Großkraftwerke anzulegen. Die Montreal Light Haat and Power Co. hat ein neues Dampfkraftwerk am Niagara in Tonawanda bei Buffalo fertiggestellt, daß die Spitzenbelastung sämtlicher Wasserkraftwerke am Niagara zu decken hat. Das Kraftwerk besitzt drei Dampfturbineneinheiten von 20 000 kW Leistung, zu denen noch eine Gruppe für 35 000 kW hinzukommen wird. Nach vollem Ausbau wird das Werk 200 000 kW Leistung besitzen.

Auf dem kanadischen Ufer des Niagara ist eine Wasserkraftanlage im Bau, die 220 000 kW leisten wird. Das neue Kraftwerk, das etwas südlich von Queenstown unterhalb der Stromschnellen des Whirl Pool liegt, verwertet ein Nutzgefälle des Erie- und Ontario-Sees von fast 93 m. Dies gewährleistet eine höhere Ausbeute als es etwa im weiteren Ausbau einer der bereits am Niagara vorhandenen Wasserkraftanlagen möglich gewesen wäre, da diese nur 43,5 bis 53,4 m Gefälle ausnutzen.

Auch auf der sogenannten amerikanischen Seite des Niagara ist die Kraftentnahme wesentlich erhöht. Die Maschinensätze haben nicht die Größe, wie die beiden 45 000 kVA-Turbinendynamos für das auf der kanadischen Seite befindliche Queenstownwerk, aber immerhin Drehstromerzeuger von 32 500 kVA.

Die jetzige Krafterzeugung an den Niagarafällen beträgt   380 000 P. S.
auf dem Gebiet der Vereinigten Staaten . . . . . 225 000 „

Im Bau befinden sich ferner:

auf kanadischem Gebiet . . . . 320 000 P. S.
auf dem Gebiet der Vereinigten Staaten . . . . . 100 000 „

Die Gesamtlieferung der Fälle wird auf 5 Mill. P. S. geschätzt, von denen 2,5 Mill. ausgenutzt werden können.

Die Alabama Power Co. wiederum wird den Staat Alabama mit elektrischer Kraft durch Wasserkraftwerke versorgen und den elektrischen Strom durch ein 1300 km langes Hochspannungs-Fernleitungsnetz verteilen. Die Gesamtleistung nach Ausbau aller Werke wird 500 000 P. S. betragen. In Bau sind auch das Dampfkraftwerk in Gadsden, das 12 500 kVA leisten wird und ein Wasserkraftwerk, welches 20,7 m Nutzgefälle des Coosa-Flusses mittels einer Staumauer transformieren und 80 000 kW erzeugen wird.

Das Anwachsen der Elektrizitätswerke in den Vereinigten Staaten von 1907 — 1917 wird am besten die folgende Tabelle zeigen, in die auch die Gesamteinnahme der Kraftwerke aufgenommen ist.

	1907	1912	1917
Einnahme der Elektrizitätswerke Mill. $	175,6	302,3	526,9
Leistung der Dampfmaschinen (nebst Turbinen . . . . „ kW	2,0	3,6	6,1
Leistung der Wasserkraftmaschinen „ „	1,0	1,8	3,1
Leistung der Stromerzeuger . . . „ „	2,7	5,2	9,0
Zahl der angeschlossenen ortfesten Motoren	167 184	435 473	554 817
Leistung der angeschlossenen ortfesten Motoren . . . . „ „	1,2	3,0	6,7

Die Gesamtzahl der Elektrizitätswerke betrug 1912 5221 und 1917 6541.

Aus der folgenden Tabelle für 1914 ist wiederum zu ersehen, in welchem Maße die elektrische Energie in der Industrie der Vereinigten Staaten zur Anwendung gekommen war.

	Energiebedarf P. S.	Verbrauch elektrischer Energie P. S.	Davon aus Starkstromnetzen entnommene P. S
Landwirtschaft	121 428	83 117	30 764
Schuhfabrikation	112 929	61 657	37 389
Zement und Kalk	490 402	336 516	164 369
Chemische Produkte	282 385	172 510	134 481
Baumwollindustrie	1 585 953	512 903	252 864
Elektrotechnische Industrie . .	1 585 953	262 119	74 476
Gießereien und Maschinenfabrik .	1 585 953	869 849	444 328
Stahlwerke	2 706 553	1 207 715	182 204
Gummiindustrie	131 927	93 998	25 664
Schiffswerften	115 333	66 275	30 085
Färbereien	23 290	2 750	745
Konservenfabriken	120 000	28 438	18 726

Die Statistik für die Kriegsjahre liegt noch nicht vor.

Die Textilindustrie deckte also ihren Energiebedarf nur zu einem Drittel, die metallurgische nur zur Hälfte durch elektrische Energie. Ausgedehntere Verwendung findet die Elektrizität bei der Landwirtschaft, die zwei Drittel ihres Energiebedarfes auf elektrischem Wege deckt. Hier ist aber zu beachten, daß ein nicht faßbarer Teil der erforderlichen Energie durch Menschen und Tiere geliefert wird.

Seit dieser Zeit hat die elektrische Kraftentnahme große Fortschritte gemacht. Dies hängt in allererster Linie mit der Vermehrung der Kraftabgabe für gewerbliche Zwecke zusammen und mit der Verwendung, welche die elektrische Kraft in den vielstöckigen Wohn- und Geschäftsräumen mit der großen Kraftentnahme durch Licht und Aufzüge findet. Da Strom allgemein vorhanden ist, stehen der weitestgehenden Elektrisierung des Hauses und des einzelnen Haushaltes keinerlei Schwierigkeiten entgegen. Die allgemeinen wirtschaftlichen Verhältnisse liegen in den Vereinigten Staaten für die Verwendung der elektrischen Energie zu Koch- sowie anderen Zwecken des Haushaltes und des persönlichen Gebrauchs auch günstiger als in Deutschland.

Die Dienstbotenfrage ist derart, daß alle Einrichtungen, welche der Hausfrau ihre Arbeit erleichtern, sofort aufgenommen werden. Für den persönlichen Bedarf verdienen die Aufmerksamkeit der Industrie die elektrische Brennschere, die elektrische Bürste und das elektrische Bügeleisen. Leichte Haartrockner und der elektrische Haarweller wurden von der Allgemeinen Elektrizitätsgesellschaft eingeführt, da die amerikanischen teurer waren. Dieser Grund wird wohl nach Stabilisierung der Währung für die deutschen Apparate wegfallen und es ist fraglich, ob sie weiter auf dem Markte bleiben werden. Der elektrisch betriebene Vakuum-Staubreiniger wird in kleineren Größen häufig von den Mietern gekauft, oder vom Hauseigentümer in Bereitschaft gehalten.

Die amerikanischen Elektrizitätswerke haben für die Einführung dieser verschiedenen Apparate zur Elektrisierung des Hauses eine ziemlich lebhafte Propaganda entwickelt, und die Abnehmer immer wieder auf die Vorteile der Anwendung elektrischer Hausgegenstände hingewiesen. Ein Stromberechnungssystem, welches größeren Verbrauchern automatisch Vorteile einräumt, hat die Verbreitung der Apparate sehr gefördert. Sollte der Export für diese Artikel auf Schwierigkeiten stoßen, so könnte ihm sicherlich durch die Elektrisierung des deutschen Hauses im Inlande ein großer Markt erschlossen werden.

In großzügiger Weise ist die Elektrisierung des privaten Wagenverkehrs in Angriff genommen. Hierfür muß vor allem billige Betriebskraft besorgt werden. Genügend Ladestellen und Plätze sind zu schaffen, in denen die Batterien ausgewechselt und die Wagen unter sachgemäßer Überwachung untergestellt und auch ausgebessert werden können. Die elektrischen Kraftgesellschaften in und um New-York haben sich zu diesem Zweck mit der Ward Vehicle Co. und der Edison Storage Battery Co. zu gemeinsamem Vorgehen zusammengeschlossen. Durch eine groß angelegte Reklame wird für die Einführung eines billigen Wagens Stimmung gemacht. Die Methode ist erprobt. Wie bei der Elektrisierung des Hauses wird mittels großer Plakate, die in der ganzen Stadt von den elektrischen Kraftgesellschaften angebracht sind, durch Listen, Zirkulare usw. gearbeitet. Die Hartford Electric Light Company hat eine ganze Reihe Ladestellen für Batterien eingerichtet und ebenso Ausbesserungsstellen. Das Auswechseln der Batterien ist in 10 Minuten durchgeführt. Die Batterien werden je 38 gleichzeitig von einer 250 kW-Maschine geladen. Für die Instandhaltung der Wagen und Batterie wird monatlich ein nach dem Gewicht der Wagen abgestufter Betrag erhoben. Dies sind Einzelheiten, die aus dem großen Leben der amerikanischen Elektroindustrie herausgegriffen sind, und die nur zeigen sollen, in welcher Weise Probleme praktisch bearbeitet werden.

Ein klares Bild über die Leistungsfähigkeit und den gegenwärtigen Stand der Elektrotechnik gibt der Bericht der General Electric Co. New York für das Jahr 1918.

Die Zunahme des Absatzes in manchen normalen Artikeln betrug danach einige hundert Prozent gegenüber dem Maximum der früheren Jahre. Die Großkraftmaschinen wurden mit einer Raschheit hergestellt, die früher nie erreicht war. Großdampfturbinen für 35000 kW, Dampfturbo-Wechselstromgeneratoren und Schiffsantriebe mit Räderantrieb wurden verschiedentlich geliefert. Zur direkten Kupplung mit Wasserturbinen wurden Generatoren für 20000 kVA, offenbar für Francisturbinen mit 25000 kVA und 140 m Gefälle geliefert. Um Gefälle von 3 bis 5 m auszunutzen, wurden Wechselstromgeneratoren von außergewöhnlichen Abmessungen und 2860 kVA mit nur 55,5 Umdrehungen/min. gebaut. Nicht weniger als 65000 P. S. an Synchronmotoren zum direkten Kompressorenbetrieb wurden geliefert mit Leistungen zwischen 150 und 1020 P. S.

Auf der 700 km langen elektrisierten Strecke der Chicago, Milwaukee and St. Paul Railway laufen 24 Güterzugslokomotiven von 282 t, 12 Personenzugslokomotiven von 300 t einschließlich Heizanlage und sechs etwa gleichschwere Güterzugslokomotiven, die im Notfall auch die Personenzüge fahren können.

Schnell schreitet auch die Elektrisierung des Bergbaus und Förderwesens vor und auffallend groß ist eine dreiachsige 30 t Grubenlokomotive für 1200 mm Spur und drei Stück 125 P. S. 500 V-Motoren.

Für Hauptschachtfördermaschinen wurden 90 Ausrüstungen mit zusammen 22000 P. S., meist Asynchronmotoren, geliefert.

Für den Hüttenbetrieb kamen an Hauptwalzenstraßenantrieben 60000 P. S. hinzu, so daß, wenn nur Leistungen über 300 P. S. in Betracht gezogen werden, von der General Electric Co. an Walzenzugsmotoren 315000 P. S. bisher geliefert sind. Die Ladung elektrischer Stahlöfen ist 1917 auf 20 t erhöht und dürfte auf 30 t gesteigert werden. Die Leistungen der Ofentransformatoren sind erhöht.

Die Hebezeuge und Transportvorrichtungen haben die Entwicklung ins Große genommen.

In Baltimore am Ohio ist eine Kohlenumladevorrichtung errichtet, die gestattet, in einer Stunde die Kohle von 45 Stück 100 t-Wagen oder 60 Stück 50 t-Wagen in Schiffe umzuladen.

Gleichstromkranmotoren wurden doppelt soviel geliefert wie in früheren Jahren, speziell kleine Typen für Schiffswerften. Auch sechs große Laufkrane, drei davon für 225 t Tragkraft mit einer intermittierenden Motorleistung von zusammen 830 P. S. pro Kran.

Für Zuckerrohrfabriken auf Kuba wurde ein neuer elektrischer Antrieb für alle Walzenpressen zum Auspressen des Zuckerrohres entwickelt, wobei der Zuckerrohrabfall zum Heizen der Kraftwerkskessel herangezogen wird.

Hierzu kommen jetzt die kleinen Arbeiten: Ein Spannungs-
beruhiger ist entwickelt, um in gemischten Licht- und Kraftanlagen
die Belastungsstöße der Motoren infolge der Spannungs- und Licht-
schwankungen an den Lampen zu beseitigen.

Hervorzuheben ist auch eine tragbare Röntgenausrüstung.

Auch die Stickstoff- und Kraftwerke zu Muscle Shoals geben
ein gutes Bild von der Größe amerikanischer Industrieunternehmungen.
Es werden dort jährlich 110000 t Ammoniumnitrat hergestellt werden.
Die Kraftstation wird 12 Wasserturbinen von je 40000 P. S. enthalten
bei einer Gesamtleistung von 300 000 kW.

Die neueste Anwendung des elektrischen Stromes, die Stahl-
gewinnung auf elektrischem Wege, hat in den Vereinigten Staaten
eine unerwartete Ausdehnung genommen. Die Erzeugung von hoch-
wertigem Roheisen ist für die vielseitigen Anforderungen, die der
Maschinenbau an die Baustoffe Stahl und Eisen stellt, in jeder im
voraus bestimmten Qualität im elektrischen Ofen möglich. Durch
den elektrischen Strom geht die Übertragung der Schmelzwärme
ohne Verunreinigung oder eine chemische Beeinflussung auf das
Schmelzgut vor sich; das technische Verfahren ist einfach. Die
Übertragung der Wärme erfolgt entweder durch Strahlung, durch
Widerstandsheizung, wobei das Schmelzgut als Widerstand in den
Stromkreis geschaltet wird, oder durch Induktion, wobei das
Schmelzgut die sekundäre Windung des Transformators ist. Die
wesentlichen Eigenschaften des erhaltenen Metalls sind seine che-
mische Reinheit und seine große Gleichmäßigkeit. Phosphor, Schwefel,
Sauerstoff und Gasblasen lassen sich vollständig abscheiden und
ebenso alle Schlackenteilchen. Alle Sonderstahle mit Chrom, Nickel
und Wolfram sind auf diesem Wege herstellbar. Kupfer-, Nickel-,
Aluminium- und Glasschmelzen sind in derselben Weise möglich.
Für die weiteste Verbreitung des Elektroofens wird die Ausnutzung
der Wasserkräfte zur Erzeugung billigen Stroms erforderlich sein.

Am 1. Januar 1910 gab es in den Vereinigten Staaten 36 Elektrostahlöfen mit einem Kraftbedarf von 40000 kVA. Am 1. Januar 1918
waren 233 Öfen aufgestellt mit einem Bedarf an Kraft von 230000 kVA.
Gegenwärtig sind 323 Elektroöfen im Betrieb. Amerika steht
damit an der Spitze sämtlicher Industrieländer. Deutschland, das
vor dem Kriege die erste Stelle einnahm, ist inzwischen von Großbritannien überholt, da sich die Stadt Sheffield zu einer der größten
Erzeugungsstätten von Elektrostahl entwickelt hat. Die Angaben
über die jährliche Stahlerzeugung Amerikas in elektrischen Öfen
schwanken für 1917 zwischen 235000 und 1 Million t.

Dies ist ein Überblick über den Stand eines Teiles der Elektrotechnik in den Vereinigten Staaten. Aus ihm ist ersichtlich, in
welchem Umfange die Ausnutzung der Kraftanlagen, der Stromerzeugung und Stromverteilung vor sich geht. Es ist noch hervorzuheben, daß durch Verbesserung des Belastungsfaktors, geeignetes
Mischen der verschiedensten Belastungsarten und Verkupplung von

Netzen aus den Werken 25 v. H. Mehrleistung gewonnen sind. Für die Kupplung ist die Einheitlichkeit der Wechselstromanlagen in der Periodenzahl vorgeschritten und die Zahl der Werke mit 60 Per./sk ist auf 70 v. H. gestiegen.

Die Elektroindustrie in den Vereinigten Staaten hat so ihre fest fundierte nationale Grundlage. Sie ruht als Elektrizitätswerkslieferantin auf der Beschäftigung der kraftbeziehenden Industrien und zieht ihre Kraft aus dem Verkauf der elektrischen Energien an diese. 1917 sind von den Elektrizitätswerken mehr als 25 Milliarden kW-Stunden geliefert worden.

Ein Rückgang in den Umsätzen der Kraftstationen läßt daher stets auf einen Rückschlag in der Beschäftigung der elektrischen Eisenbahnen und der Industrie schließen. Die Großabnehmer, wie Ladestellen, Untergrundbahnen, industrielle Betriebe usw., die große Spezialabschlüsse zu machen haben, erhalten so die kW-Stunde zu einem wohlüberlegten Preise.

Es ist als sicher anzunehmen, daß durch die Erschöpfung der europäischen Märkte der Innenmarkt eine größere Stetigkeit oder völlige Sicherung erhalten wird. Für das letztere kommt aber auch noch ein weiteres Moment hinzu.

Um die Kriegslieferungen bewältigen zu können, sind eine große Anzahl von Werkstätten erweitert und neu erbaut. Das Arbeitsministerium (Departement of Labor) errechnet, daß sich gegenwärtig in den Vereinigten Staaten 300000 Fabriken befinden, welche insgesamt rund 10 Millionen Arbeiter beschäftigen. Die Maschinen und auch die Gebäude sind abgeschrieben. Die Herstellungsmöglichkeiten haben sich also vervielfältigt, die Produktionsmittel selbst stehen mit Null oder sehr niedrig zu Buche. Geld zu Handels- und industrieller Betätigung wird in außerordentlicher Menge zur Verfügung stehen. Der Inlandsbedarf ist also völlig von der eigenen Industrie zu decken, der Überschuß der Produktion aber kann zu Mindestpreisen in beliebige Überseegebiete geworfen und diese erobert werden.

Der Vorsprung, den die Vereinigten Staaten durch den Krieg erhalten haben, dürfte daher bald auf dem internationalen Markt in Erscheinung treten. Von 1914—1918 haben die Kriegslieferungen und die hierbei erzielten hohen Gewinne die ganze Kraft der Industrie in Anspruch genommen. Für ein energisches Vorgehen auf den Auslandsmärkten war daher nicht viel Zeit und Kraft übrig.

Zur Beurteilung hierfür geben die nachstehenden Außenhandelstabellen einen Anhalt. Zum Vergleich sei erwähnt, daß 1913 Erzeugnisse im Werte von rund 1,8 Milliarden M., 1912 1,7 und 1911 1,5 Milliarden M. hervorgebracht und teils im eigenen Bedarf verbraucht sind. Die deutsche elektrotechnische Produktion ist in dieser Zeit auf rund 1 Milliarde M. zu veranschlagen, von denen Deutschland etwa 30% dem Auslandsmarkt zugeführt hat.

Wert der Ausfuhr ohne elektrische Lokomotiven in 1000 Dollar.

Gegenstand	Rechnungsjahr 1918	Rechnungsjahr 1919	Zu- bzw. Abnahme der Ausfuhr in 1000 Dollar
Sammler	3 352	4 801	+ 1 449
Kohlen	1 525	1 672	+ 147
Generatoren	2 688	4 269	+ 1 581
Fächer	818	1 297	+ 479
Koch- und Heizvorrichtungen	534	1 223	+ 689
Isolierte Kabel und Leitungen	5 731	8 683	+ 2 952
Installationsmaterial	1 532	1 926	+ 394
Bogenlampen	13	15	+ 2
Kohlefadenlampen	145	166	+ 21
Metalldrahtlampen	3 183	4 465	+ 1 282
Magnetzünder	3 167	3 021	− 146
Zähler und Zubehör	1 592	2 618	+ 1 026
Motoren	6 599	10 677	+ 4 078
Widerstände und Anlasser . .	212	434	+ 222
Schalter und Zubehör . . .	2 229	2 633	+ 404
Fernschreiber	294	765	+ 471
Fernsprecher	2 567	3 136	+ 569
Transformatoren	2 344	4 423	+ 2 079
Alles übrige	16 021	24 457	+ 8 436
	54 546	80 681	+ 26 135

Elektrische Lokomotiven 1917/18 161 gegen 563 im Jahre 1917, also − 402.

Wert der Ausfuhr elektrotechnischer Erzeugnisse aus den Vereinigten Staaten in Dollars. 1. Juli 1917 bis Juli 1918.

Nach	Generatoren	Motoren	Transformatoren	Lüfter	Zähler und Zubehör	Koch- und Heizvorrichtungen
Frankreich . .	444 021	305 061	465 018	94	3 467	822
Italien . . .	29 890	180 357	71 027	45	59 245	25 568
Norwegen . .	29 890	78 126	101 400	469	1 634	10 680
Europ. Rußland	41 570	196 781	76 300	18	13 811	−
Schweiz . . .	−	4 096	108 373	−	123	24
England . .	26 379	849 548	1 763	4 024	61 607	1 683
Kanada . . .	440 516	1 537 963	238 138	130 935	292 632	212 515
Mexiko . . .	60 249	162 056	79 793	20 490	85 976	23 284
Kuba . .	309 132	405 266	133 445	42 482	60 982	12 489
Argentinien .	39 407	264 654	79 535	23 815	119 081	29 419
Brasilien . .	57 167	163 462	228 932	14 716	129 103	16 508
Chile	223 909	264 785	96 598	1 589	33 515	19 817
Peru	10 475	114 455	74 407	379	14 109	4 784
China . . .	109 973	141 595	39 847	115 976	35 676	8 124
Britisch-Indien	71 558	295 928	24 523	295 714	7 969	5 029
Japan . . .	367 103	469 242	150 551	30 144	345 328	8 053
Australien . .	103 587	339 652	65 405	11 434	80 165	32 683
Neu-Seeland .	5 757	53 796	2 376	527	37 905	19 428
Brit.-Südafrika	8 071	133 451	79 758	6 728	21 164	7 133

Wert der Ausfuhr elektrotechnischer Erzeugnisse aus den Vereinigten Staaten in Dollars. 1. Juli 1917 bis 1. Juli 1918.

Nach	Isolierte Drähte u. Kabel	Installationsteile	Metallfadenlampen	Schalter und Zubehör	Elektrotechn. Kohlen	Fernschreiber	Fernsprecher
Frankreich . .	795 659	126 778	3 015	67 473	7 748	42 769	186 006
Italien . .	77 726	77 541	24 041	107 821	149 385	8 899	154 410
Norwegen . .	157 313	7 535	279	92 942	100 627	—	—
Europ. Rußland	406 426	1 526	3 550	14 368	20 623	3 680	18 217
Schweiz . . .	13 856	1 995	—	353	353	—	2 110
England . .	112 426	112 278	4 278	63 208	56 136	36 672	117 380
Kanada . . .	206 678	405 471	803 785	251 122	794 249	68 649	293 285
Mexiko . . .	214 906	67 568	252 496	101 091	22 535	3 259	38 815
Kuba . . .	625 681	154 064	416 356	139 491	10 981	5 882	85 283
Argentinien .	546 548	108 099	355 303	122 016	41 562	159	126 879
Brasilien . .	715 552	100 120	440 962	155 216	18 871	6 680	522 779
Chile	356 762	80 290	182 956	179 255	14 189	4 458	31 277
Peru	87 142	26 490	53 125	23 117	5 629	4 406	11 734
China . . .	97 494	8 832	27 437	51 565	2 458	—	91 355
Britisch-Indien	24 276	13 244	33 623	8 565	43 167	101	57 146
Japan . . .	11 584	7 455	1 351	264 347	124 731	40 629	186 793
Australien . .	203 164	24 264	98 009	163 009	13 609	3 634	336 607
Neu-Seeland .	2 514	4 959	38 997	165 949	12 311	698	29 427
Brit.-Südafrika	51 948	3 397	73 335	16 722	3 490	—	2 571

Von Interesse sind die Zahlen für Südamerika.

Für Südamerika sind wesentlich die Einfuhr von Glühlampen, isolierten Drähten, Kabeln, Telegraphen- und Telephonapparaten. In der ersten Zeit dürften auch dem Eindringen der Amerikaner die vollen Lager der Filialgesellschaften der deutschen Elektrizitätsindustrie erheblichen Widerstand entgegengesetzt haben.

Bei den Zahlen ist aber zu beachten, daß auch die höhere Preisgestaltung nicht unerheblich in ihnen enthalten ist. Bemerkenswert ist auch der Umsatz in Glühlampen, der für 1918 von der General Electric Co. mit 175 Mill. Stück beziffert wird. Von diesen waren 165 Mill. Stück Wolframlampen. Im Jahre 1914 betrugen die in den Vereinigten Staaten hergestellten Glühlampen 85 Mill. Stück. Diese Zahlen zeigen den Aufschwung, den die Glühlampenindustrie während des Krieges genommen hat. Das ist aber auch erklärlich.

Die General Electric Co. hatte vor zwei oder drei Jahren die Verweigerung der Einfuhr von Wolframdrahtlampen nach den Vereinigten Staaten durchgesetzt. Der amerikanische Glühlampenmarkt ist so der amerikanischen Industrie allein zugänglich geblieben. Dieses Verfahren soll jetzt in ähnlicher Weise auch auf den kanadischen Markt erstreckt werden. Auf den übrigen Märkten wird der Wettbewerb zwischen amerikanischen, holländischen, englischen und deutschen Lampen bestehen, im Osten kommt noch der

japanische hinzu. Die Konzentrationsbewegung in der deutschen
Industrie hat eine machtvolle Gruppe geschaffen, welche die gesamte
Metalldrahtlampenerzeugung vereinigt und so geschlossen wird vor-
gehen können, vielleicht noch unter Hinzuziehung von Holland und
Schweden.

Die Vereinigten Staaten hatten in der Ausfuhr vor dem Kriege
einen Platz niederer Ordnung inne. Mit der Ausdehnung der Tätigkeit auf dem Weltmarkte, welcher die amerikanische Industrie un-
zweifelhaft entgegensieht, sind auch eine Reihe von Aufgaben in den
Vordergrund getreten, die erledigt werden müssen. Die Erkenntnis
ist durchgedrungen, daß in den Hochschulen nicht nur Konstruk-
teure und Betriebsingenieure auszubilden sind, sondern auch Ver-
waltungsingenieure für die Verwaltungen großer wirtschaftlicher
Unternehmungen. Für den praktischen technischen Betrieb ist die
Kenntnis der technischen Wissenschaften, praktische Erfahrungen und
die Fähigkeit, die wirtschaftlichen Verhältnisse schnell und richtig
einzuschätzen, unbedingt erforderlich. Der zukünftige Ingenieur wird
also auch in neuen Sprachen und in der Nationalökonomie eine fach-
männische Ausbildung erhalten müssen.

Für die schnelle Herstellung der Fabrikate wird die Normalisierung
bereits soweit als möglich getrieben. Die Normalisierung hat es dem
amerikanischen Erzeuger schon möglich gemacht, den auswärtigen Be-
stellern zu billigen Preisen zu liefern und ihm den Bezug von Ersatzteilen und die Auswechselbarkeit ganzer Maschinen außerordentlich zu
erleichtern. In Zukunft wird die Aufgabe der amerikanischen Verkäufer auch die sein, das Ausland zu überzeugen, daß der Kauf
amerikanischer Normalmaschinen für Leistung und Rentabilität das
Richtige ist.

In der Richtung für den Aufbau des Außenhandels sind von
den elektrotechnischen Unternehmungen bereits die erforderlichen
Vorkehrungen getroffen.

Die General Electric Co. in New York hat die International
General Electric Co. mit einem Kapital von 20 Mill. Dollar gegründet.
Dieses Unternehmen hat die Beziehungen der General Electric Co.
zum Ausland zu stärken und das Auslandsgeschäft zu heben.

Etwa 30 elektrotechnische Fabrikationsunternehmungen haben
sich zu der Electrical Manufactures Export Association zusammengeschlossen. Die Firma F. E. Watts, New York, die den Vorsitz
in der Vereinigung führt, hat die Verkaufsorganisation übernommen
und in verschiedenen Ländern bereits Agenturen eingerichtet. Die
Mitglieder der Vereinigung werden über die Marktverhältnisse im
Auslande durch umfangreiches statistisches Material, Preisangaben,
Muster usw. für einen erfolgreichen Wettbewerb vorbereitet, und die
Agenturen stellen möglichst enge Beziehungen mit den Verbrauchern her.

Der Staat hat schließlich den amerikanischen Exporteuren
während des Krieges geschaffen, was das amerikanische Ausfuhr-

geschäft früher entbehrt hat: „Eine bedeutende nationale Handelsflotte".

Gleichzeitig ist als Finanzierungsinstitut für den Außenhandel die A. I. C., die American International Corporation, gegründet worden, auf die noch eingegangen wird. Wie die amerikanische Regierung selbst dem Außenhandel Hilfe zu leisten gedenkt, zeigen ihre wirtschaftlichen Vereinbarungen mit den mittel- und südamerikanischen Staaten, denen sicherlich bald solche für den russischen und eventuell sibirischen Handel folgen werden.

Das Bureau of Foreign and Domestic Commerce, das vom amerikanischen Handelsamt eingerichtet ist, wird nach einem großzügigen Plane die Auslandsmärkte studieren. Für ihre Erforschung werden an alle wichtigen Handelsplätze der Welt auf Staatskosten tüchtige amerikanische Fachleute gesetzt. Diese haben die Marktverhältnisse an Ort und Stelle bis ins einzelne zu prüfen und ein klares Bild von der Industrieentwicklung des betreffenden Landes zu geben. Die besonderen Bedürfnisse und ihre bisherige Versorgung. die Zoll-, Transport- und allgemeinen Handelsverhältnisse sind festzustellen und Vorschläge für die Anbahnung der Geschäftsverbindung für die einzelnen amerikanischen Industrien auszuarbeiten. Für diese Stellen werden durch Prüfungen geeignete Personen ausgelesen. Im Vordergrunde steht das Studium der Verkehrswege und der Häfen für die Ausfuhr von amerikanischen Gütern nach dem fernen Osten einschließlich Rußland.

Die Foreign Finance Corp. wird ihre Aufgabe darin sehen, Aktien und Anteile europäischer und anderer Gesellschaften zu erwerben, um auf diesem Wege Teilhaber der Unternehmungen zu werden und sie in die amerikanisch-wirtschaftliche Interessensphäre hinüberzuleiten.

Der Ausschuß für auswärtigen Handel, der sich aus Mitgliedern aller Regierungsstellen zusammensetzt, hat die Bearbeitung der Verteilung des Frachtraumes, Festsetzung der Seefracht, Erleichterung der Kabel- und Funkenverbindungen, Kreditgewährung für Wiederaufbauarbeiten, Anleihen, Rohstoffbeschaffung und eine einheitliche Regelung des Einkaufs in Europa. Er wird sich nur mit solchen Fragen befassen, welche ganz allgemein den auswärtigen Handel und die Erreichung amerikanischer Ziele auf dem Weltmarkt betreffen.

Von allgemeinem Interesse für die Elektrizitätsindustrie der Welt ist die American International Corporation.

Das Unternehmen wurde 1915 durch das Haus Morgan, die Standard Oil Co. und das Bankhaus Kuhn Loeb mit einem Aktienkapital von 50 Mill. $ gegründet. Der Zweck ist, den großen Geldbedarf der Industrieunternehmungen der ganzen Welt an sich zu ziehen. Der Abneigung des Amerikaners gegen den Kauf fremder Industrieaktien wird geschickt Rechnung getragen. Die Gesellschaft behält die fremden Anteile in ihrem Besitz und bringt ihre eigenen auf den Markt.

Die Mittel dieser großen Finanzgesellschaft sind teilweise zur Ausdehnung des Ausfuhrgeschäfts der amerikanischen Elektrizitätsindustrie bestimmt. Sie hat den Zweck, den Bau von elektrischen Licht- und Kraftanlagen, von Telephon- und Telegraphensystemen, sowie den Bau von Dämmen und Stauanlagen in der ganzen Welt zu fördern. Die Elektrizitätsindustrie der Vereinigten Staaten ist an diesem Unternehmen mit der General Electric Co. und der American Telephon- und Telegraph Co. beteiligt.

Die Gesellschaft geht von der sicherlich richtigen Annahme aus, daß Europa nicht in der Lage sein wird, die nichteuropäischen Märkte zu finanzieren, die finanzielle Unterstützung aber unbedingt der Anknüpfung von Außenhandelsbeziehungen vorangehen müsse. Die Entwicklung des amerikanischen Auslandsgeschäfts für die Erschließung in Südamerika, China und Rußland scheint das maßgebende Programm zu sein. Dies zeigt die Tatsache, daß der Präsident des Unternehmens der Direktor der National City Bank ist, deren Beziehungen zum südamerikanischen Markte bekannt sind, und daß der frühere chinesische Sachverständige der Firma Morgan & Co. gleichfalls der Gesellschaft angehört. Nach dem ersten Geschäftsbericht wurden bereits 1230 Beteiligungsvorschläge bearbeitet, 326 auf die Vereinigten Staaten selbst, 347 für Südamerika, 256 auf Europa, 73 auf Asien, 71 auf Westindien, 47 auf Zentralamerika, 41 auf Kanada, 29 auf Südafrika und der Rest auf Mexiko, Australien und Alaska. In Europa liegen für Rußland 64 Beteiligungsvorschläge vor. Dieses Land wird für den wichtigsten zukünftigen Abnehmer von Waren und Kapital von den Vereinigten Staaten gehalten, was nicht zu bezweifeln ist.

Bei den Unternehmungen sind 352 Verkehrsgesellschaften vertreten. Sicherlich wird amerikanisches Kapital, geführt von der I. A. C., nach verschiedenen Erdteilen und Ländern fließen.

Eine systematische und planmäßige Bearbeitung des Weltmarktes und ganz besonders des europäischen Marktes wird einsetzen, mit dem Ziel, die Herrschaft und Leitung über die Weltwirtschaft zu erhalten. Die wirtschaftliche Selbständigkeit einer Reihe von Wirtschaftsgebieten werden sich dieser Bearbeitung einordnen müssen.

Die Interessen der elektrotechnischen Fabriken der amerikanischen Industrie hatten sich in den Jahren vor dem Kriege besonders mit Kanada stark vergrößert und ihre Hauptabnehmer waren in Kanada, Mittelamerika, Panama und Westindien.

In Kanada nimmt das amerikanische Kapital in immer stärkerem Maße Eingang. Die Richtung ist klar und deutlich: Es soll die Kontrolle über kanadische Werke und Unternehmungen durch Erwerb der Aktienmajorität erreicht werden, was durch die valutarischen Verhältnisse und auch dadurch gefördert wird, daß Kanada für Anleihezwecke auf New York angewiesen ist.

Mit Kanada ist eine Steigerung der Ein- und Ausfuhr im Vergleich zum Friedensstand um 200 % eingetreten, wie die Tabelle zeigt.

Einfuhr elektrotechnischer Erzeugnisse in Kanada.

Gegenstand und Ursprungsland	Einfuhr in 1000 Dollars		Zu- bzw. Abnahme der Einfuhr in 1000 Dollars
	1913/14	1917/18	
Kupferdrähte			
aus den Vereinigten Staaten　. .	115	23	− 92
Elektrotechnische Kohlen			
aus den Vereinigten Staaten　. .	39	51	+ 12
„ anderen Ländern	50[1])	—	− 50
	89	51	− 38

[1]) Darunter für 40 000 Dollars aus Deutschland.

Gegenstand und Ursprungsland	1913/14	1917/18	Zu- bzw. Abnahme
Glühlampenglocken usw.			
aus Frankreich	2	1	− 1
„ den Vereinigten Staaten　. .	110	223	+ 113
„ anderen Ländern	20[1])	10	− 10
	132	234	+ 102

[1]) Darunter für 14 000 Dollars aus Österreich-Ungarn.

Gegenstand und Ursprungsland	1913/14	1917/18	Zu- bzw. Abnahme
Nicht besonders aufgeführte elektrische Apparate (Isolatoren, Sammler, Fernschreiber und Fernsprecher)			
aus Großbritannien	809	93	− 716
„ Frankreich	29	4	− 25
„ Japan	—	10	+ 10
„ Schweden	80	2	− 78
„ der Schweiz	3	—	− 3
„ Italien	5	—	− 5
„ den Vereinigten Staaten　. .	5 515	8 091	+ 2 576
„ anderen Ländern	156	—	− 156
	6 597	8 200	+ 1 603
Generatoren und Motoren			
aus Großbritannien	136	22	− 114
„ Schweden	103	2	− 101
„ den Vereinigten Staaten　. .	1 542	1 894	+ 352
„ anderen Ländern	26[1])	—	− 26
	1 807	1 918	+ 111

[1]) Darunter für 14 000 Dollars aus Deutschland.

Gegenstand und Ursprungsland	1913/14	1917/18	Zu- bzw. Abnahme
Apparate			
aus Großbritannien	25	119	+ 94
„ Neufundland	9	35	+ 26
„ den Vereinigten Staaten　. .	67	452	+ 385
„ Frankreich	3	1 068	+ 1 065
„ Spanien	—	19	+ 19
„ anderen Ländern	3	474	+ 471
	107	2 167	+ 2 060

England macht erhebliche Anstrengungen, um die Erzeugnisse seiner Elektroindustrie in Kanada abzusetzen. Bei dem Absatz nach Kanada müssen die Normalien und Vorschriften, die in den Vereinigten Staaten maßgebend sind, gebraucht werden. Zukunft hat in Kanada die Einführung elektrischer Schmalspurbahnen. Der Bau einer ganzen Reihe solcher Bahnen soll in Kürze in Angriff genommen werden.

Für die Eroberung des südamerikanischen Marktes wiederum werden die amerikanischen Banken, das deutsche System der Finanzierung von Unternehmungen, das selbst in England als grundlegend für den Erfolg der deutschen Industrie anerkannt wird, anwenden müssen. Das wird aber auf Grund der vielen Gründungen von Außenhandelsbanken, die Südamerika bereits mit einem Netz von Zweigniederlassungen überziehen, keine Schwierigkeiten machen. Auch eine Reihe von Handelskammern sind in den einzelnen Ländern gegründet.

Die amerikanische Industrie wird aber auf dem südamerikanischen Markt nur wettbewerbungsfähig sein, wenn sie sich den Bedürfnissen dieser Märkte anpassen kann. Die Erfolge der amerikanischen Industrie lagen bis jetzt fast ausschließlich in der Herstellung von Massenartikeln. Der ausländische Käufer muß sich also bereit finden, ein solches „standard product" abzunehmen und die Ausbildung des Handels- und Kreditsystems muß den südamerikanischen Verhältnissen angepaßt sein, auf die noch eingegangen wird.

Für die Handelsbestrebungen der Vereinigten Staaten mit Europa seien bereits hier einige Momente hervorgehoben. Europa wird für seinen Wiederaufbau nicht auf die Mitwirkung der Vereinigten Staaten verzichten können und dieses trifft alle Vorbereitungen, um nicht nur den Teil des europäischen Handels zu übernehmen, der früher in deutschen Händen ruhte. Speziell Deutschland aber wird auf nordamerikanische Rohstoffe angewiesen bleiben.

Es ist nicht zu bezweifeln, daß engere Handelsbeziehungen zwischen Spanien und den Vereinigten Staaten sich entwickeln werden. So enthalten die spanischen technischen Zeitschriften bereits zahlreiche Anzeigen amerikanischer und französischer Häuser. Der engere Anschluß an Frankreich ist durch die Gründung der Franco-American Board of Commerce and Industry, die unter Leitung des französischen Botschafters in Washington und des französischen Generalkonsuls in New York steht, genommen. Das Ziel ist, den gegenseitigen Warenaustausch zwischen Frankreich und den Vereinigten Staaten zu erleichtern und zu entwickeln. Käufer und Erzeuger sollen in möglichst enge Beziehungen gebracht, Streitfälle rasch und leicht geregelt und ständige Musterausstellungen eingerichtet werden. Die Messe von Lyon zeigt die Entwicklung dieser Beziehungen während der drei Jahre ihres Bestehens:

Jahr	Zahl der ausstellenden Unternehmen
1916	1342
1917	2614
1918	3118

In Italien kann bereits, wenn die amerikanischen Häuser ihre im Kriege errungenen Vorteile zu behaupten vermögen, der deutsche Wettbewerb in Zukunft so gut wie ausgeschaltet werden. Hieran schließt sich das langsame Eindringen der amerikanischen Elektrogroßunternehmungen in die entsprechenden Industriezweige der einzelnen Länder, auf die an den einzelnen Stellen noch eingegangen wird.

Die Verhandlungen aber zwischen englischen und amerikanischen Eisen- und Stahlerzeugern zum Zwecke der gemeinschaftlichen Festsetzung der Preise auf dem Auslandsmarkte zeigen die Richtung für das gemeinsame Vorgehen der beiden Großmächte der Industrie.

Eine gewisse Schwierigkeit für die Abwicklung der Ausfuhrgeschäfte wird eintreten, sobald Amerika auf seine bisherigen Verbündeten keine Rücksicht wird nehmen können. Die große, geschaffene Handelsflotte könnte zu ungeheuren Ausgaben führen, wenn der Ausfuhrhandel diese Schiffe nicht reichlich mit Ladung versorgt. Diese Waren aber werden auf dem Weltmarkte auf Grund ihrer Qualität und ihrer Preise abgesetzt. Handelsflotte, Zahl und Stand der Produktionsmittel sind aber derart, daß Amerika in der Lage ist, seine wirtschaftliche Machtstellung zu seinem nationalen Nutzen zu gebrauchen. Wird aber der Ausfuhrhandel zur nationalen Einrichtung gemacht, dann werden in kürzester Zeit alle Gesetze fallen, die ihn beschränken und die Gesetzgebung wird auf ihn eingestellt werden. Das zeigt auch die „Edge Bill“. Auf Grund dieser Bill können Unternehmen gegründet werden, die im Lande die Mittel für die Exportbetätigung des Handels und der Industrie Amerikas schaffen. Der Weg ist derart gedeckt, daß für die Ausführung eines Massenauftrags, der aus einem Lande hereinkommt, eine eigene Gesellschaft gegründet wird. Für diesen Auftrag haftet der Käufer unter Garantie seiner Regierung. Amerika wird aber auch im eigenen Interesse, um für das Wirtschaftsleben Europas eine feste Grundlage zu schaffen, eine umfangreiche Hilfe einleiten.

So hat die nordamerikanische Nationalwirtschaft alle Vorbereitungen getroffen, um wirtschaftlich ihre Macht über die ganze Welt auszudehnen. Es wird der amerikanischen Elektroindustrie sicherlich gelingen, geschlossen auf der Grundlage finanzieller Beteiligung an überseeischen elektrischen Unternehmungen in die früheren europäischen Absatzgebiete einzudringen. Diesem Angriff wird außer Deutschland und Japan auch England standzuhalten haben, soweit nicht der Vertrustungsprozeß zwischen der amerikanisch-englischen Elektroindustrie noch schneller vollzogen wird.

Die Vereinigten Staaten können aber ihre Gefährlichkeit auf dem Weltmarkt verlieren, sobald dort ernste Arbeiterforderungen auftreten werden.

Eine Grenze ist aber auch der Warenversorgung durch Amerika gezogen. Wenn Amerika jedes Land mit seinen Waren versorgen wollte, würde jedes Land Amerika Geld schulden. Die notwendige

Folge wäre, daß der Kurs der Schuldnerländer so herunterginge, daß die Kaufkraft des Geldes allgemein abnehmen müßte.

Über den Einfluß des Staates auf das Elektrizitätswesen an dieser Stelle nur eine kurze Bemerkung. Der Einfluß des Staates ist ja in den einzelnen Staaten der Union sehr verschieden. Das Recht des Eingriffs erstreckt sich auf die Finanzierung, die Aufstellung der Bilanzen, das Tarifwesen, den Elektrizitätsdienst und die Konzessionierung. In einzelnen Staaten kann der Eingriff erst auf Wunsch der Gemeinden stattfinden. Eine ganze Reihe Staaten der Union steht überhaupt völlig außerhalb des staatlichen Einflusses.

Mexiko.

Für Deutschland wird es von Bedeutung sein zu wissen, auf welche Länder des amerikanischen Kontinents es stärker wird rechnen können.

Hier wird Mexiko eines der wenigen Länder sein, die unbeeinflußt von der Wirtschaftspolitik der Entente zu Deutschland in Handelsbeziehungen treten und dessen wichtige Rohstoffe der deutschen Industrie zur Verfügung stehen werden.

Die Grundlagen für eine günstige industrielle Entwicklung des Landes sind in seinen zahlreichen Wasserkräften, den reichen Kohlen- und Petroleumlagerstätten vorhanden.

Die Einfuhr von englischer Kohle ist nicht mehr nötig, seitdem die unermeßlichen Petroleumlager bewirtschaftet werden. Diese liegen zum größeren Teil rund um die Küsten des Golfes und setzen so der Ausbeutung geringeren natürlichen Widerstand entgegen. Das den Golf umspannende Petroleumgebiet von Tampiko bis Yukatan erstreckt sich über 341 000 qkm, während das Gebiet in Niederkalifornien 190 000 qkm und südlicher davon an der pazifischen Küste 75 000 qkm bedeckt. Im ganzen sind erst 25 000 qkm erschlossen, und etwa 9000 qkm befinden sich in Ausbeute.

Die Erdölgewinnung hat sich von 3 676 000 t im Jahre 1914 auf 8 264 260 t im Jahre 1918 gehoben. Mexiko steht damit an zweiter Stelle aller Erdöl erzeugenden Länder. Da die Regierung eine Abgabe von 10 v. H. vom Werte des geförderten Erdöls erhebt, ist die finanzielle Lage des Staates gut. Da auch die Außenschuld im Verhältnis zu anderen mittel- und südamerikanischen Staaten nicht sehr hoch ist, muß die Entwickelung des Landes schnell vor sich gehen.

So ist die industrielle Entwicklung des Landes in den letzten Jahren stark vorwärtsgeschritten. Das Industriebeförderungsgesetz hat wesentlich dazu beigetragen. Danach sind Unternehmungen, die über ein Kapital von 200 000 M. nach Friedenskurswert verfügen, auf die Dauer von 10 Jahren eine Reihe von Vergünstigungen gewährt: Steuerfreiheit des Kapitals von allen direkten Bundessteuern, zollfreie Einfuhr von Maschinen, Apparaten, Baustoffen usw. Als Sicherheit muß vom Unternehmer eine Kaution geleistet werden.

Amerika und England suchen dieses Land völlig in ihre Hand zu bekommen. Alle amerikanischen Ausfuhrhäuser eröffnen ihre Zweiggeschäfte in Mexiko mit eigenen Angestellten, die ständig im Lande bleiben. Die frühere Gewohnheit, das Mexikogeschäft von Nordamerika aus abzuwickeln, ist aufgegeben. In einer großen Anzahl von Berg- und Hochbaugesellschaften sind nur Amerikaner als Leiter tätig, die natürlich Aufträge nach auswärts an Nordamerika überschreiben. Dies ist der Hauptgrund für das Wachsen des amerikanischen Einflusses und des amerikanischen Regierungsinteresses an Mexiko. Ähnliche Wege will auch England nunmehr in Mexiko einschlagen. Die nachstehende Tabelle gibt den Stand der Elektroeinfuhr für 1913.

Einfuhr nach Mexiko 1913 in Millionen $:

1. Teile für Glühlampen	0,144
Vereinigte Staaten	0,095
Deutschland	0,039
2. Elektrische Glühlampen	0,353
Vereinigte Staaten	0,180
Deutschland	0,137
3. Maschinen und Ersatzteile	9,568
Vereinigte Staaten	6,676
Deutschland	1,058
Frankreich	0,186
Schweiz	0,079

Das Anwachsen des Handels von Nordamerika zeigt die Amerika-Statistik 1917—18 (s. S. 8).

Der Südamerika-Markt.

Argentinien.

Die Möglichkeit der Entwicklung Argentiniens in elektrischer Richtung ist nicht groß, da Energiequellen in größerem Maße nicht greifbar vorhanden sind.

Die Wasserfälle des Iguazù (Yguassù) liegen an der Grenze von Argentinien und Brasilien, und 30 km von der Grenze von Paraguay. Sie gehören wohl mit zu den größten der Erde. Die Fallhöhe beträgt 50 bis 60 m, ihre Ausdehnung 2 bis 3 km und ihre mutmaßliche Wassermenge 3000 bis 4000 cbm/s. Die Nutzleistung von 1 Mill. kW würde ausreichen, um Argentinien, Brasilien, Bolivien, Paraguay und Uruguay mit elektrischer Energie zu versorgen. Leider sind Absatzgebiete für Elektrizität erst in 300 bis 450 bzw. 600 bis 650 km Entfernung und von geringer Aufnahmefähigkeit vorhanden. Größere Verbrauchszentren wären Rosario, Buenos Aires und Montevideo, die aber 1000 bis 1300 km in der Luftlinie entfernt sind. Es ist also fraglich, ob die elektrische Kraftübertragung mit den örtlichen Großkraftwerken, die mit Dampfmaschinen oder

Dieselmotoren arbeiten, wirtschaftlich in Wettbewerb wird treten können.

Der Bedarf an elektrischer Energie für die Industrie kann mit 130—140000 P. S. angesetzt werden.

Die größten Kraftanlagen in Buenos-Aires stehen unter deutschem, eine zweite unter schweizerischem und italienischem Einfluß.

Buenos Aires besitzt sieben Straßenbahngesellschaften, von denen fünf zu der anglo-argentinischen Gesellschaft mit einer Streckenlänge von nahezu 600 km zusammengeschlossen sind.

Die Vereinigung aller Einzelunternehmen zu dem Monopol eines einzigen Anglo-Argentina Straßenbahnnetzes scheiterte. Die Bahnen haben deutsche und englische Motoren.

Das öffentliche Beleuchtungswesen in Buenos Aires und die Beleuchtung in den Privathäusern ist elektrisch. Die Länge der elektrischen Kabel beträgt über 4000 km.

Im Jahre 1913 bestanden 45 Elektrizitätswerke mit einem Kapital von 158 Mill. M., die elektrische Energie für 41 Mill. M. verkauften, und für 0,086 Mill. M. argentinisches und für 9,975 Mill. M. ausländisches Rohmaterial verbrauchten. Diese Elektrizitätswerke sind größtenteils Stromverteilungsstationen der Deutsch-Überseeischen Elektrizitätsgesellschaft Berlin. Deren frühere Monopolstellung wird durch die mit italienischem Gelde arbeitende Italo Argentina de Electricidad bedroht, die sich bereits die Stromversorgung des Hafens und des Stadtviertels Palermo gesichert hat. Die Telegraphennetze erfahren eine Erweiterung.

Die Friedenseinfuhr stellte sich folgendermaßen:

Der Gesamteinfuhrwert an elektrischen Apparaten betrug 5,742 Mill. Pes., Draht und Kabel für 2,928 Mill. Pes., etwa die Hälfte aus Deutschland, ein Viertel aus Großbritannien, der Rest aus Italien, den Vereinigten Staaten und Belgien; Dynamos und elektrische Motoren für 0,542 Mill. Pes., größtenteils aus Deutschland und Großbritannien, auch aus den Vereinigten Staaten, Frankreich, Belgien und Italien; Bogenlampen für 0,117 Mill. Pes., Glühlampen für 0,597 Mill. Pes., verschiedene elektrotechnische Materialien für 0,564 Mill. Pes., größtenteils aus Deutschland, zum kleineren Teile aus Großbritannien, den Vereinigten Staaten und anderen Ländern. Bedeutend war auch die Einfuhr von Zubehör für Kabel, von Akkumulatoren, Isolatoren, Telegraphenapparaten und -materialien, elektrische Glocken und Knöpfen, Bogenlichtkohlen, isolierten Schnüren und Isolierrohren, Vulkanfiber, elektrischen Batterien und Motoren, Ventilatoren und dergleichen, von denen die größere Menge aus Deutschland stammte.

Aus den gegebenen Daten ist ersichtlich, wie stark Argentinien noch in seinen elektrischen Unternehmungen vom Auslande abhängig ist. Während seine eigene elektrotechnische Erzeugung 1913 nur rund 7 Mill. M. betrug, kamen im selben Jahre für rund 40 Mill. M. ausländische elektrotechnische Waren zur Einfuhr. Die Aussichten für den Absatz englischer elektrotechnischer Waren sind gut. Vor dem Kriege arbeitete in elektrischen Unternehmungen reichlich englisches Kapital:

In Straßenbahnen. 27,5
Im Fernmeldewesen 3,2
In elektrischen Licht und Kraftanlagen 2,7
Im ganzen 33,4 Mill. £

Zurzeit sind für die Einfuhr zollfrei elektrische Maschinen für öffentliche Elektrizitätswerke, Motoren, Instrumente und Apparate zu wissenschaftlichen Zwecken, soweit sie von den offiziellen Instituten der Nation oder der Provinzen eingeführt werden. Mit 5 % des Wertes sind belegt: reiner Kupferdraht von weniger als 5 mm, Drähte und Kabel von mehr als 5 mm Durchmesser, diese für elektrische Leitungen und für unterirdische Kabelanlagen, sodann Motoren, Leitungs-, Installations- und Wagenausrüstungsmaterial für elektrische Bahnen, weiter Maschinen im allgemeinen und deren Ersatzteile. Kohlen für Bogenlampen haben einen Wertzoll von 35 %.

Für elektrische Birnen und Kleinmaschinen ist starker Bedarf. Bemerkenswert ist, daß holländische und skandinavische Häuser jetzt Schweizer und andere europäische Firmen vertreten.

Für die Erzeugnisse des Landes ist eine starke Zunahme der Trust- bzw. Gruppenbildung zu bemerken. Die Ausbeute und der Handel mit Roh- und Leuchtöl liegt fast vollständig in den Händen der nordamerikanischen Standard Oil Company. In Argentinien ist eine Tochtergesellschaft mit den beiden Untergruppen für Produktion und für kaufmännisches und Transportwesen. Die Ölfrage ist aber für Argentinien von wesentlicher Bedeutung. Von ihr als Ölfeuerung hängt die Entwickelung des argentinischen Eisenbahnwesens und damit die des Landes ab.

Auch der Fleischausfuhrhandel, Getreide- und Zuckerhandel liegt in ausländischen Händen, die nach dem kapitalistischen Monopol streben.

Hier wird die Gründung national-argentinischer Gruppen erforderlich sein, die unmittelbar mit den großen ausländischen Absatzmärkten in Verbindung treten.

In Argentinien ist von einer feindlichen Stimmung gegen Deutschland nichts zu bemerken. Die deutsche Ware wird auf dem Markte erwartet. Es ist dringend notwendig, daß die deutschen Firmen so bald als möglich mit Ware versorgt werden.

Seit 1914 ist auch die Einfuhr japanischer Waren beträchtlich gestiegen. Von elektrotechnischen Artikeln sind es besonders elektrische Drähte. Zwischen Japan und Buenos Aires ist unmittelbarer Dampferverkehr. Seit Anfang 1917 sind dort Vertreter und Filialen verschiedener japanischer Firmen. Im Mai 1918 errichtete auch die Yokohama Specie Bank in Buenos Aires eine Filiale. Der Südamerikaner wird aber im allgemeinen dem amerikanischen und europäischen Fabrikat den Vorzug geben.

2*

Brasilien.

Weit günstiger liegen die energetischen Grundlagen für Brasilien. Im Staate Minas können bedeutende Wasserkräfte ausgebaut werden, der Sete Anedas für 20, der Iguassu für 3 und der Paulo Affonso für 1,5 Mill. P. S. Ungünstig wirkt die große Entfernung der Kraftquellen von den Industriezentren des Landes. Auch die brasilianischen Kohlenlager liegen ungünstig für die Beförderung. Die Anlage von Großkraftwerken in den Kohlengebieten und die Verteilung der Energie mittels Hochspannungsfernleitungen ist noch nicht in praktische Erwägung gezogen. So ist Brasilien auf die Einfuhr von Kohle angewiesen, die 1913 etwa 2,5 Mill. t betrug, 1917 aber auf 900000 t gesunken war. Von den vorhandenen Kraftwerken gehören die beiden größten von Rio de Janeiro und Sao Paulo einer kanadischen Gesellschaft.

Über die Einfuhr elektrotechnischer Erzeugnisse nach Brasilien gibt für die Jahre 1916/17 die folgende Tabelle eine Übersicht:

	Werte in Dollars			
	Maschinen u. Transformatoren		Kabel und Leitungen	
Herkunftsland	in den Jahren			
	1916	1917	1916	1917
Vereinigte Staaten .	1 092 500	1 576 000	835 000	1 236 000
England	177 000	151 000	53 000	20 000
Schweiz	66 000	84 000	—	—
Holland	—	—	—	—
Andere Länder . . .	148 500	165 000	44 000	103 000

	Werte in Dollars			
	Isolatoren		Glühlampen	
Herkunftsland	in den Jahren			
	1916	1917	1916	1917
Vereinigte Staaten .	53 000	71 000	237 000	270 000
England	17 000	27 000	14 000	17 000
Schweiz	—	—	—	—
Holland	—	—	40 000	55 000
Andere Länder . . .	5 000	4 000	21 000	13 000

England macht nun große Anstrengungen, um den Markt zu gewinnen, auszubauen und zu behaupten. Leiter britischer Werke besuchen das Land, um die Verhältnisse genau kennen zu lernen. Vorgebildete Vertreter sind vorgesehen, um sodann im Lande dauernd tätig zu sein. Das Material über die Vorschriften der bestehenden hauptsächlichen Elektrizitätswerke, die gebräuchlichen Spannungen, ist gesammelt. Die Projektierung neuer Kraftwerke, die Elektrisierung der Eisenbahnen usw. ist vorgesehen. Die „Federation of Britisch Industries" hat ihrerseits die ersten Kaufleute Brasiliens nach England geladen, damit sie die englischen Erzeugnisse an Ort und Stelle kennen lernen. Die deutschfeindliche Stimmung in Brasilien wird von England weiter gepflegt und gut ausgenützt werden.

Die englische Handelskammer von Sao Paulo und Süd-Brasilien veranstaltet eine Reihe von Ausstellungen englischer Erzeugnisse.

Die Organisation dieser Ausstellungen ist derart getroffen, daß jede Industriegruppe während dreier Monate geöffnet ist. Die Werbe schriften und Preislisten werden portugiesisch abgefaßt, die Maße und Gewichte nach dem metrischen System und die Preise in brasilianischer Währung umgerechnet. Es werden nur Muster von den Erzeugnissen ausgestellt, die sofort lieferbar sind.

Die Nordamerikaner wollen gemeinsam mit den Engländern die Ausbeutung der Eisenerzminen der Itabisa Iron Co. in Angriff nehmen. Es sind auch Pläne ausgearbeitet für die Elektrisierung der Viktoria-Diamantina-Eisenbahn.

Bemerkenswert sind auch die Bestrebungen Japans, im brasilianischen Handel Fuß zu fassen. Die Gründung der Yokohama Specie Bank und die bereits bestehende Verbindung zwischen Japan, Brasilien und Argentinien durch japanische Dampfer zeigen die Ausläufer der japanischen Handelspolitik in Südamerika.

Aber auch Brasilien selbst beginnt eine nationale elektrotechnische Industrie zu schaffen. Die Companhia Mineira de Electricidade in Juiz de Fóra baut nunmehr elektrische Wagen und Maschinen die bisher aus den Vereinigten Staaten und Europa bezogen wurden Die Companhia de Industrias Reunidas stellt Elektromotore her, deren Material mit Ausnahme der Kupferdrähte brasilianisches Erzeugnis ist.

Von seiten der Regierung erhalten alle diese Bestrebungen ihre Förderung. So hat das Wirtschaftsministerium bestimmt, daß alle Industrieerzeugnisse die Bezeichnung „brasilianisches Erzeugnis" oder „ausländisches Erzeugnis" zur Unterscheidung tragen müssen.

Bolivien.

Das Land besitzt keine aufgeschlossenen Öl- oder Kohlenfelder, wohl aber sind Wasserkräfte in stärkerem Maße vorhanden. Der Ausbau der hydro-elektrischen Anlagen soll vom Staate oder einer Kapitalgruppe ausgeführt werden.

Diese Anlagen können in den Gebieten La Paz, Tres Cruces in Colquechaca errichtet werden. Für La Paz wird die mechanische Kraft dem Yugas-Strom entnommen und für die gleichnamige Bahn und die Stadt selbst benutzt werden. Ebenso ist die Elektrisierung der Corocoro-Kupferminen geplant. Auch die Kupferminen in Tres-Cruces gebrauchen stark elektrische Kraft. Der Bau einer Reihe von elektrischen Bahnen ist in diesem Gebiet geplant.

Das Land besitzt nur eine einzige Elektrizitätsgesellschaft, die Bolivian General Enterprise, die ihren Sitz in London hat und an der Schneider-Creusot stark interessiert ist. Diese Gesellschaft versorgt auch die Stadt La Paz mit Licht und Kraft in einem Betrage von etwa 1500 kW.

Für die Bearbeitung von Bolivien ist zu beachten, daß Zeitschriften nicht vorhanden sind und der Leserkreis der Zeitungen sehr klein ist. Die Drucksachen müssen in spanischer Sprache verfaßt sein.

Chile.

Das Land besitzt als Energiequellen Kohle, Petroleum und die Wasserkräfte der Kordilleren.

In Coquimbo und Valdivia sind Wasserkräfte reichlich vorhanden und die Regierung läßt durch einen besonderen Ausschuß prüfen, ob die Errichtung eines weit verzweigten Kraftnetzes von hier aus wirtschaftlich wäre.

In der Gegend von Cordoba und Tucuman liegen wohl einige Wasserfälle. Ihre Kraft ist aber für industrielle Zwecke zu schwach. Einer der bedeutendsten Wasserfälle ist unterhalb des San Roque Wehres, in der Sierra de Cordoba gelegen. Er gehört einer nordamerikanischen Gesellschaft und liefert ungefähr 2280 kW, die zur Beleuchtung und für Triebkraft der Stadt Cordoba verwendet werden.

Der Mangel an stärkeren Energiequellen bietet für Chile zunächst wenig Aussicht, eine eigene Industrie zu entwickeln. Zwei große Kraftwerke sind in Santiago und Valparaiso vorhanden, die unter deutschem Einfluß stehen.

Das Telephonnetz von Autofagasta hat der englische Konzern „Citre Telephon Co. Ltd. in Valparaiso“ aufgekauft und Januar 1920 in Verwaltung genommen. Der Bau einer neuen großen Zentrale wird begonnen und die Stadt ein Telephonnetz erhalten, das mit den neuesten Apparaten und Verbesserungen ausgerüstet sein wird.

Geplant sind auch von der Regierung umfangreiche Bewässerungsanlagen, Eisenbahnbauten und Telegraphenlinien.

Der Entwickelung des Landes stehen große Entfernungen und ungünstige Verkehrsverhältnisse im Wege.

Ein ausgesprochener Deutschenhaß ist in Chile nicht vorhanden. Es bedarf nur eines kräftigen Impulses seitens der deutschen Industrie, um wieder festen Fuß zu fassen.

Die Vereinigten Staaten sind in fast alle Geschäftszweige eingedrungen. Die Bergwerksindustrie ist einschließlich der Aufbereitungswerke durch Aufkauf und Pachtung in ihre Hand geraten. Auf diese Weise haben sie auch, wie sonst, den Erzeugnissen ihrer Industrie dauernde Absatzgebiete verschafft. So bewegt sich die nordamerikanische Wareneinfuhr in aufsteigender Kurve. Der Markt in elektrischen Artikeln ist vollständig unter amerikanischer Kontrolle. Hier wird nur die elektrotechnische Ausfuhrhandelsgruppe durch Zentralleitungen und Verkaufsorganisationen arbeiten können. Aber auch die englischen Häuser werden Mühe haben, ihre Aufträge wieder nach England zu leiten.

Japan wiederum sucht „Kupferminen" und Metallaufbereitungsanlagen aufzukaufen. Auch elektrische Fabriken für die Herstellung elektrischer Artikel, namentlich Draht- und Kabelwerke, sollen errichtet werden.

Wenn auch, wie die Statistik 1918—1919 zeigt, die Vereinigten Staaten und Japan mit entschiedenem Erfolg in die Märkte von Südamerika eindringen, so hat die deutsche Industrie und der deutsche Handel doch die Möglichkeit, dort wieder festen Fuß zu fassen. Sicherlich wird Deutschland der endgültigen Belegung der Produktionsquellen durch Nordamerika und England nicht untätig zusehen können. Andererseits ist Südamerika durch die Blockade und das System der schwarzen Listen zum Vergleich der gelieferten Waren mit denen der „Made in Germany" gezwungen worden, und dieser Vergleich ist nicht zuungunsten Deutschlands ausgefallen.

Die elektrotechnische Lage Englands.

Die zweite industrielle Großmacht ist England. England ist wirtschaftlich aus Europa herausgewachsen. Es ist, um in einem Bilde zu sprechen, das zweite industrielle Attraktionszentrum, das mit Amerika um einen gemeinsamen Schwerpunkt kreist. So wird auch in allen wirtschaftlichen Fragen die englische Industrie zu einer freundschaftlichen Verständigung mit Amerika bereit sein. Auch für England kann nur ein Übersichtsbild seiner industriellen Kräfte gegeben werden.

Die Kohlenvorräte Großbritanniens können bei weiter steigender Förderung in 200 Jahren erschöpft sein.

Die Erschließung der Wasserkräfte ist daher Gegenstand eingehender Aufmerksamkeit in den Fach- und Wirtschaftskreisen des Landes. Allgemein wird für die englischen Besitzungen eine Abschätzung ihrer Kraftquellen, der Wasserkräfte, Kohlen, Öl und sonstiger Kräfte gewünscht, um ihre wachsende Bedeutung für das „Reich" richtig bewerten und rechtzeitig erfassen zu können. Dieselbe Forderung wird für die Rohstoffe erhoben.

In dem Bericht des Water Power Resource Committees ist die Ergiebigkeit von 9 Wasserkraftprojekten in Schottland zu 1200 Mill. kW-Stunden veranschlagt, bei 183500 P. S. Dauerleistung. Die Durchbildung von Wasserkraftelektrizitätswerken hat für England Schwierigkeiten, weil das Land zu wenig erfahrene Ingenieure auf diesem Gebiete besitzt und demgemäß auf die Hilfe der Amerikaner, Schweizer und Deutschen angewiesen bleibt.

Der Fortschritt der Elektrotechnik in Großbritannien war durch die Stärke der Gasgesellschaften und den Einfluß, den sie auf die Preisbildung zur Unterdrückung des elektrischen Wettbewerbes ausübten, stark verzögert. Ein weiterer Nachteil war eine Politik, die gegen den Zusammenschluß gerichtet war, um eine Erhöhung der Preise zur Schonung der Verbraucher zu verhüten. Infolgedessen sind zahlreiche kleine Unternehmungen entstanden. Der Parlamentsausschuß, der sich mit der Verbilligung und Vereinheitlichung der Stromerzeugung zu beschäftigen hat und in dem die Elektrizitätswerke gut vertreten waren, hat schon Ende 1917 den Bau von 16 Großkraftwerken vorgeschlagen, an welche die Verteilungsnetze anzuschließen wären. Diese Großkraftwerke bilden das Zentrum des Elektrizitätswirtschaftsplanes. Die 600 bis 700 kleineren städtischen und privaten Anlagen werden zusammengelegt und von den Großzentralen gespeist.

Ein Großkraftwerk soll nach vollendetem Ausbau eine Leistung von etwa 200 000 kW besitzen. Für seine Zone soll Anschlußzwang bestehen.

In der Grafschaft Yorkshire steht der vom Handelsamt vorgeschlagene Zusammenschluß der Elektrizitätsunternehmungen vor dem Abschluß oder ist abgeschlossen. In Yorkshire befinden sich 40 Werke, darunter 30 städtische.

Diese Maßnahme würde den Kohlenverbrauch von 80 Mill. t, die für die Krafterzeugung gebraucht werden, auf etwa 30 Mill. t herunterdrücken, wobei der Kohle vor der Verfeuerung noch die Nebenprodukte entzogen werden. Die elektrochemische Industrie wird in der Nähe dieser Großanlagen angesiedelt werden.

Es ist nicht ausgesprochen, ob die Verkupplung dieser Verteilungsnetze durch Reichsleitungen geplant ist. Die Vorteile einer solchen Verkupplung sind auch zweifelhaft. Die allgemeinen Vorteile der Verkupplung von Netzen, die eine größere Betriebszuverlässigkeit und Überlagerung der Belastungslinien gestattet, können bei so großen Netzen ihre Gültigkeit verlieren. Die Großkraftanlagen werden, gleichgültig, ob es sich um private oder öffentliche Unternehmungen handelt, von einem staatlichen Elektrizitätsamt beaufsichtigt werden als eine Art gemeinwirtschaftliche Unternehmung mit behördlichem Charakter und weitgehenden Befugnissen über Stromerzeugung, Verteilung und den Verkauf des Stromes. Das Elektrizitätsamt wird weitgehende wegerechtliche Befugnisse, allenfalls sogar Enteignungsrechte, bekommen.

Das „House of Commons“ hat bereits das ElektrizitätslieferungsGesetz angenommen, dessen Inhalt im wesentlichen folgender ist: „Es soll vom Board of Trade eine Körperschaft von 5 Elektrizitätsobleuten gegründet werden, welche die gesamte Elekrizitätserzeugung des Landes übernehmen mit Ausnahme der in Privatbesitz befindlichen Anlagen. Die Obleute sollen sich durch örtliche Umfrage die Unterlagen verschaffen für eine Einteilung des Landes in ElektrizitätsLieferungsbezirke, an deren Spitze je 1 District Board stehen wird. Diese setzen sich zusammen aus Mitgliedern der Behörden von Gemeinden, die zurzeit Elektrizität liefern, Mitgliedern der jetzt bestehenden Elektrizitäts-Lieferungsgesellschaften und Mitgliedern aus den Kreisen der Verbraucher und der Arbeiterschaft. Die District

Boards übernehmen alle Stromerzeugungs- und Übertragungsanlagen, haben aber mit der Stromverteilung nichts zu tun, welche in der Hand der jetzigen Behörden verbleibt. Diese kaufen in Zukunft den Strom von den District Boards. Der Verteilungsplan für den staatlichen und privaten Elektrizitätsverbrauch wird von ihnen ausgearbeitet".

Der Ausbau der Wasserkräfte, Anlage von Großkraftwerken, die Elektrisierung der Eisenbahnen und Wasserstraßen, die elektrometallurgischen und elektrotechnischen Industrien sind die Aufgaben der nächsten Jahre.

Der elektrische Bahnbetrieb im Vereinigten Königreich hat schon jetzt im ganzen einen Energiebedarf von einer Milliarde kWh im Jahr. Die Elektrisierung der Eisenbahnen, die in nächster Zukunft zu erwarten ist, wird diesen Bedarf bedeutend steigern, zumal wenn sie nach einem festgelegten Plan in bezug auf die Anlage der Kraftstationen und Verteilung der Haupt- und Nebenlinien durchgeführt wird. Auch die elektrische Zugbeleuchtung wird damit steigen. In England und Indien sind etwa ein Drittel des ganzen Wagenparks mit elektrischen Beleuchtungseinrichtungen versehen, die mit Akkumulatoren als Stromquelle oder einer Zugbeleuchtungsdynamo mit Antrieb von den Wagenachsen gespeist werden.

Die Elektrisierung der Eisenhütten hat große Erweiterung erfahren. England hat in den letzten Jahren die Vorteile des elektrischen Antriebes von Walzenstraßen erkannt und möglichst durchgeführt. Eine Reihe von Umkehr-Walzenstraßen der größten englischen Eisenwerke sind im Betrieb, andere im Bau. Der elektrische Antrieb der Walzwerke wurde in früheren Jahren teils von der eigenen Industrie geliefert oder stammte aus Amerika und Deutschland. Am stärksten ist die Britisch Westinghouse Company vertreten.

Die elektrische Stahlerzeugung in England hat große Fortschritte gemacht. England hat jetzt den zweiten Platz unter den Industrieländern.

Gebaut sind etwa 141 elektrische Öfen für eine Aufnahme von 112 000 kVA. 24 Öfen sind für besondere metallurgische Zwecke: Nickel-Kupfer, Mangan-Kupfer, Eisenlegierungen, so daß 117 Öfen für die Elektrostahlerzeugung arbeiten. Diese verteilen sich wie folgt:

System	Anzahl	Gesamt-einsatz t	Energie-kVA	Nominelles Ausbringen im Monat t
Electro-metals . . .	27	73	20 274	6 740
Greaves-Etchells . . .	26	64 $^1/_2$	18 830	5 680
Héroult	45	180 $^1/_2$	42 220	13 760
Rennerfelt	4	7	1 895	750
Snyder	6	9 $^1/_2$	3 150	1 200
Special	2	2	750	280
Stassano	2	2	600	240
Stobie	5	45 $^1/_2$	10 050	2 600
Zusammen:	117	384	98 769	31 250

Das Ausbringen ist gerechnet auf der Basis von fünf Arbeitstagen in der Woche und vier Wochen im Monat.

Von diesen 141 Öfen sind bestimmt für:

	Anzahl	t	kVA	Monatsausbringen in t	
				nominell	tatsächlich
Stahlguß . .	48	116,5	32 939	10 840	7 047
Blöcke . . .	69	267,5	65 830	20 410	16 032
Zusammen:	117	384	98 769	31 250	23 081

Die Zahlen zeigen, daß Großbritannien etwa 400 000 t Elektrostahl im Jahr mit einer Energie von 100 000 kVA zu liefern vermag.

Durch die Einführung der elektrischen Öfen werden die Sheffielder Stahlwerke auch vom Bezug des teueren schwedischen Eisens unabhängiger.

Die hohen Preise für Petroleum und die Schwierigkeiten seiner Beschaffung haben die Verwendung elektrisch betriebener Fahrzeuge bedeutend gefördert.

Auf diesen Zweig hat in den letzten Jahren die „Electric Vehicle Committee" ihre Arbeiten eingerichtet und die Aufnahme des Baues dieser Fahrzeuge, die bisher zumeist aus Amerika bezogen wurden, durchgeführt.

Der Markt der Magnetapparatindustrie in England war vor dem Kriege durch die Firma Bosch, Stuttgart, nahezu monopolisiert. Der Magnetapparat, der ein wichtiger Bestandteil für alle Arten von Gas- und Ölmotoren ist, besteht aus Wolfram-Manganstahllegierungen. Die Herstellung der permanenten Magnete ist nun nach großer Mühe von den englischen Stahlfabriken geleistet. Jetzt ist ein auf dem Polinduktor beruhender Typ entwickelt worden, der die Bosch'sche Konstruktion zurückgedrängt, ihre Einfuhr besteuert und damit das deutsche Monopol beseitigt hat.

Das verschiedenartige Isolationsmaterial hat Großbritannien aus dem Ausland bezogen. Nun sind mit staatlicher Unterstützung gute Forschungsarbeiten durchgeführt und die gebrauchsfähige Herstellung von Isolationsmaterial für die verschiedenen Zwecke der Elektrotechnik im eigenen Land sichergestellt. Es war ganz klar erkannt worden, daß die Entwicklung dieser Industrie die Vorbedingung für den Erfolg der Elektrotechnik ist.

Für die Herstellung von Porzellan für elektrische Zwecke besteht eine Arbeitsgemeinschaft der Porzellan- und elektrotechnischen Fabriken. Die Standardisierung der einzelnen Teile und notwendige Forschungsarbeiten sind damit zentralisiert. Das Verfahren, hitzebeständiges Glas für Bogenlampen und andere Zwecke herzustellen, wird wohl bereits ausgebildet sein. In Birmingham und Stourbridge und in anderen Bezirken sind Sonderfabriken hierfür errichtet worden. Der Bedarf ist aber trotz aller Anstrengungen nicht gedeckt worden.

Die Röntgenröhrenfabrikation ist gleichfalls, und zwar von der Edinburgh and Light Flint Glass Co. in großem Umfange aufgenommen.

Deutschland und Österreich lieferten bisher nahezu ausschließlich, Desgleichen waren Hochspannungsschaltanlagen auf wirtschaftlicher Grundlage in Großbritannien nicht herstellbar, weil hierzu reiche Erfahrungen erforderlich sind. Diese Aufträge gingen meist nach Deutschland oder den Vereinigten Staaten, die wohl jetzt ausschließlich in Betracht kommen werden.

Die Erzeugung elektrischer Glühlampen steht in gleicher Höhe mit dem Verbrauch. Der Bedarf der Fabrikation an Birnen und Glas wird wohl in nächster Zeit durch die einheimische Erzeugung gedeckt werden können, da nunmehr die Anfertigung von Birnen und Röhren durch Maschinenarbeit sichergestellt ist. Jetzt werden bereits wöchentlich über 1 000 000 Birnen hergestellt. Die Versorgung mit Wolframdraht und den verschiedenen Gasen, die für die Fabrikation gasgefüllter Lampen benutzt werden, ist hinreichend. Dagegen sind Armaturen und Reflektoren wenig vorhanden.

Die letzten statistischen Angaben vor dem Kriege mögen an dieser Stelle zum Vergleich für Deutschlands und Englands Elektro-industrie angeführt werden:

	England £	Deutschland £
Gesamte Erzeugung an elektr. Material	22 500 000	60 000 000
Export	7 500 000	15 000 000
Import	2 933 000	631 000
Verbrauch einheimischer Fabrikate . .	15 000 000	45 000 000

Dazu kommt, daß ein Teil der britischen Gesamterzeugung von Firmen stammt, die in England ihre Häuser hatten, aber mit ausländischem Kapital arbeiteten, und daß in den britischen Export-ziffern auch eine Anzahl ausländischer bzw. deutscher Fabrikate enthalten sind, die nur über englische Häfen gingen.

Nachstehende Zusammenstellungen zeigen kurz die Entwicklung des einschlägigen englischen elektrotechnischen Außenhandels in den Jahren 1915 und 1916 gegenüber dem letzten Friedensjahre, die Ein- und Ausfuhr 1919 und den Überschuß auf die einzelnen Länder während des ersten Halbjahres 1919 im Vergleich zu 1914:

Ausfuhr		1913	1915	1916
Elektrische Maschinen:				
a) engl. Erzeugung	t	27 071	16 664	18 437
	£	2 275 442	1 391 351	1 551 904
b) ausl. „	t	807	275	292
	£	999 573	38 945	40 822
Andere elektrotechnische Waren:				
a) engl. Erzeugung	t	—	—	—
	£	5 404 671	3 168 642	4 107 232
b) ausl. „	t	—	—	—
	£	239 986	154 709	151 962

Zahlentafel 1.

Der Außenhandel Großbritanniens mit elektrotechnischen Erzeugnissen im Jahre 1919.

Erzeugnisse	Einheit	Ausfuhr		Einfuhr zum Verbrauch		Wiederausfuhr	
		1919	Änderung gegen Vorjahr	1919	Änderung gegen Vorjahr	1919	Änderung gegen Vorjahr
1. Telegraphen- und Fernsprechapparate . .	£	420 450	+ 224 264	306 962	+ 259 353	25 321	+ 22 070
2. Telegraphen- u. Fernsprechdrähte u. -kabel	£	1 143 387	+ 2 176	12 247	+ 3 001	2 545	+ 2 355
3. Andere, aber gummiisolierte Drähte u Kabel	£	828 058	+ 737 970	7 830	+ 5 610	7 905	+ 4 681
4. Drähte und Kabel mit anderer Isolation	£	1 078 602	+ 979 071	20 946	+ 14 940	2 054	+ 1 455
5. Elektrische Kohlen . . . . {	Stück	1,122 Mill.	+ 0,528	6,737 Mill.	— 0,917	0,160 Mill.	+ 0,112
	£	13 194	+ 5 016	29 686	— 3 798	1 627	+ 747
6. Glühlampen . . . . {	Stück	1,972 Mill.	+ 706	2,562 Mill.	— 1 184	0,898 Mill.	— 0,001
	£	150 357	+ 73 923	213 771	+ 18 033	7 339	— 9 692
7. Bogenlampen und Scheinwerfer . . . . . {	Stück	464	— 242	109	+ 109	6	+ 4
	£	7 506	— 9 669	203	+ 203	207	+ 201
8. Teile von solchen, außer Kohlenstäben . .	£	10 670	— 4 687	71 979	— 26 872	1 059	— 3 140
9. Elemente, Sammler	£	435 357	+ 312 764	46 314	— 95 446	423	— 957
10. Zähler, Meßinstrumente	£	239 794	+ 109 621	40 260	+ 8 510	2 447	+ 1 184
11. Transformatoren	£	104 348	+ 65 022	—	—	—	—
12. Schalttafeln (nicht für Telegraphen und Fernsprecher)	£	49 280	+ 14 534	1 356	— 6 554	7	+ 7
13. Nicht näher bezeichnete Waren u. Apparate	£	1 332 432	+ 914 607	453 607	— 20 287	51 873	+ 29 660
Elektrische Waren u. Apparate insgesamt:	£	5 813 435	+ 3 424 612	1 205 161	+ 156 693	102 807	+ 48 571
14. Bahnmotoren . . . . {	t	546	+ 292	—	—		
	£	91 679	+ 53 254	—	—		
15. Stromerzeuger und andere Motoren außer solchen für Flugzeuge, Kraftwagen u. -räder {	t	5 519	+ 1 259	1 593	+ 808	94	+ 71
	£	1 059 987	+ 438 977	339 553	+ 163 816	26 408	+ 16 565
16. Nicht näher bezeichnete elektrische Maschinen . . . . {	t	5 734	— 134	2 189	+ 506		
	£	669 900	+ 399 925	522 070	+ 77 281		
Elektrische Maschinen insgesamt: {	t	11 799	+ 1 417	3 782	+ 1 314	94	+ 71
	£	1 821 566	+ 792 156	861 623	+ 241 097	26 408	+ 16 565

	Januar bis Juni 1914		Januar bis Juni 1919	
	Überschuß der Einfuhr aus England nach	Überschuß der Ausfuhr nach England aus	Überschuß der Einfuhr aus England nach	Überschuß der Ausfuhr nach England aus
	in 1000 £			
Frankreich	—	3 360	68 781	—
Italien	3 417	—	7 262	—
Spanien.	—	2 790	—	11 580
Deutschland	—	9 245	5 006	—
Österreich-Ungarn . .	—	979	238	—
Rußland	—	2 191	1 960	—
Schweden	—	1 700	—	1 626
Norwegen	240	—	3 430	—
Dänemark	—	8 798	17 867	—
Niederlande	—	751	17 784	—
Vereinigte Staaten . .	—	34 468	—	231 510
Argentinien	—	8 035	—	23 831
Brasilien	—	954	—	1 315
Japan	3 207	—	—	7 520
China	6 548	—	—	1 366
Britische Besitzungen .	—	604	—	171 135
Zus. (einschl. einiger anderer Länder):	—	61 149	—	326 844

Diese Tabelle zeigt, daß England in seinen Handelsbeziehungen zu den europäischen Staaten von einem Schuldner zu einem Gläubiger geworden ist. Dagegen ist England in hohem Maße zum Schuldner seiner Kolonien und der Vereinigten Staaten geworden.

Das Inland selbst wird durch den Bau von großen neuen Kraftwerken der englischen Industrie reichlich Beschäftigung bieten. Auch die unbedingt erforderlichen Maßnahmen zur Beseitigung der Wohnungsnot werden der Elektroindustrie große Aufträge bringen.

Der Bedarf an Licht und Kraftstrom ist bereits gewachsen und wird in noch stärkerem Maße auftreten, da für die neuen Siedlungsprojekte in den verschiedenen Landesteilen elektrisches Licht und Kraft als Grundlage gewählt werden. Auch das elektrische Heizen und Kochen entwickelt sich stärker.

England kann Aufträge in größerem Umfange aus den zerstörten Gebietsteilen Frankreichs und Belgiens, ferner aus den englischen Kolonien und Südamerika erwarten. In Indien wird japanischer und in Australien japanischer und amerikanischer Wettbewerb auftreten. Japan wird auch nicht mit einwandfreien Mitteln arbeiten, da japanische Firmen nachweislich bereits englische Schutzmarken nachahmen.

Die Umstellung der englischen Industrie dürfte als vollzogen zu betrachten sein. Der Armstrong-Whitworth-Konzern hat seine Werke ausgebaut und teilweise verlegt. In Openshaw sind große

Werkstätten zur Erzeugung von Werkzeugmaschinen und Werkzeugen gebaut; in Sootswood sind die Lokomotivfabriken erweitert, deren Jahresleistung auf 300 bis 400 schwere Lokomotiven gebracht ist. Das neue Stahlwerk in Openshaw ist umgestellt, die Werften am Tyne werden vergrößert; die Abteilung für hydraulische Einrichtungen wird von Elswick nach Glasgow verlegt und mit der Firma A. & J. Main zu einer neuen Gesellschaft Armstrong, Main & Co. Ltd. verschmolzen. Sie wird den Bau von elektrischen Kraftwagen und elektrischen Kraftanlagen aufnehmen; für den ganzen Konzern wird eine gemeinsame Vertriebsabteilung in London eingerichtet. In der English Electric Company hat England seinen Elektrizitätskonzern gegründet, dessen Kampf sich gegen die bisher von der Allgemeinen Elektrizitätsgesellschaft auf dem Weltmarkt behauptete Stellung richten muß. Er umfaßt die Dick, Kerr & Co., Ltd., Willans & Robinsohn, Ltd., die United Electric Car Co., Ltd., Phoenix Dynamo Manufacturing Co., Ltd., sowie die Coventry Ordnance Works und wird alle Arten elektro- und maschinentechnischer Arbeiten übernehmen. Die Siemens-Werke in Stafford sind gleichfalls aufgekauft. Eine Reihe hervorragender Sachverständiger werden in dem Trust tätig sein. Zur Weiterbildung seiner Angestellten werden eigene Unterrichtsanstalten eingerichtet. Eine besondere Geschäftsstelle wird die Verhandlung mit ausländischen Regierungen pflegen und abschließen.

Die Werke von Fraser & Chalmers sind kürzlich von der General Electric Co. erworben worden. Sie werden ihr Arbeitsgebiet nicht ändern und weiterhin Dampfturbinen, Turbogebläse, Kompressoren, Transportvorrichtungen, Grubenanlagen, Fördermaschinen, Gasreinigungsanlagen, Walzwerksmaschinen usw. bauen.

Diese Vertrustung wird der englischen Industrie auf dem Weltmarkt Erleichterungen schaffen, da große Anlagen hereingenommen und die Einteilung der Arbeitsgebiete nach wissenschaftlichen Gesichtspunkten zur Erzielung eines möglichst hohen Wirkungsgrades vorgenommen werden können.

Von den Fabrikanten elektrischer Lampen in England ist die Electric Lamp Manufacturers Association of Great Britain gegründet worden mit dem Zweck, alle Fabrikanten und Händler elektrischer Lampen des Vereinigten Königreichs zu fördern und zu schützen, Forschungsarbeiten und Verbesserungen vorzunehmen usw.

Großbritanniens Industrie wird sich den vollen Prozentsatz der Eigenverbraucher und einen sehr hohen Prozentsatz des Weltexports zu sichern wissen.

England wird jetzt so weit zu kommen suchen, daß die große Menge von elektrotechnischen Waren, die bisher eingeführt wurden, und die große Zahl von elektrischen Anlagen und Teilen von Anlagen, die aus dem feindlichen Auslande bezogen, über England und seine Besitzungen nach Brasilien, Argentinien und China verkauft wurden, im Inlande hergestellt werden können.

So schreitet auch der Konzentrationsprozeß der Industrie, die sich zu gemeinsamem Vorgehen zusammenschließt, rasch vorwärts. Hat doch die Verringerung der Zahl neben der Produktionskontrolle den Vorteil, daß bei vier oder fünf großen Gruppen elektrotechnischer Unternehmungen Aufträge auf ganze Anlagen hereingenommen werden können, zum Vorteil der Gruppen, zum Nutzen der Sonderfirmen. Dieser Zusammenschluß ist aber auch aus handelspolitischen Gründen erforderlich wegen der englischen Handelsbeziehungen zu der Industrie der Vereinigten Staaten und zu Japan.

Einige Aufgaben, die hierfür zu erledigen waren, sind in Angriff genommen. Die wissenschaftliche Erforschung technischer Probleme erhält durch die Regierung und die technischen Verbände die größte Förderung und Unterstützung. Auch an der School of Science and Technology in Stokeon-Trent werden Arbeiten über Hartporzellan und Isolatoren durchgeführt. Die Institution of Electrical Engineers hat für die Prüfung von Kabeln und Untersuchung von Isolierölen große Mittel zur Verfügung gestellt.

Die Revision, Zusammenfassung und Ergänzung der englischen Normalien nach dem „amerikanischen" Vorbild werden vorgenommen und sollen mehrsprachig verbreitet werden. In Großbritannien ist das Engineering Standard Comittee der Mittelpunkt für Normalisierungsbestrebungen, in dem Vertreter der großen technischen Vereinigungen, der Regierungsbehörden und des Physikalischen Staatslaboratoriums sitzen. Die Herausgabe eines „British Electric Safety Code", der die bestehenden Vorschriften der Leitungen, elektrische Installationen in Fabriken, die Bergwerksvorschriften, die gemeindebehördlichen Vorschriften über Hausinstallation, Theater- und Kinovorschriften, Bedingungen der Versicherungsgesellschaften, vereinigen soll, ist vorgeschlagen. Diese Sicherheitsvorschriften sollen die Normalien des British Engineering Standards Comittee ergänzen, so daß „die Garantie", daß ein Gegenstand nach den Normalien erzeugt und nach den Sicherheitsvorschriften angeschlossen ist, von allen Instanzen anerkannt würde. Die Institution of Electrical and Engineers wird neue elektrotechnische Fabrikate, die ihm vorgelegt werden, auf die Erfüllung der geltenden Vorschriften prüfen und ein Zeugnis über den Befund ausstellen. Das im Amt gesammelte Material wird für die Ergänzung der Vorschriften und Normalien verarbeitet. Das Versuchsamt wird im Anschluß an das bestehende National Physical Laboratory arbeiten. Finanziert wird es von den interessierten Fabriken.

Die internationale Standardisierung wird von der International Electrotechnical Commission durchgeführt, der auch Frankreich und Italien angehört. Die Benennung und Bewertung elektrischer Maschinen und Apparate wird festgelegt. Die Bezeichnungen, Begriffsbestimmungen und die Prüfung von Ausdrücken, die sich auf automatische Telephonverbindung beziehen. Die Standardisierung von Schraubenköpfen und Fassungen für elektrische Lampen, die Standard-Spannungen für Verteilung und Isolierung sind in Vorbereitung. Die notwendige Übereinstimmung nationaler und internationaler Standardisierung ist also für England sichergestellt.

Die British Electrical and Allied Manufacturers Association (BEAMA), bearbeitet die Frage der Vollausnutzung der umfangreichen technischen Anlagen. Diese mächtige Industrieorganisation Englands umfaßt die meisten englischen Fabriken und industriellen Firmen. Von den Arbeitern wird die Erhöhung der Leistung verlangt, denn die ganze britische Handelsstellung hängt von der Leistungsfähigkeit der Industrie ab. Der Gegensatz zwischen Arbeitgeber und Arbeitnehmer muß also durch eine allgemeine Übereinkunft beseitigt werden. Sie will die Arbeitgeber und die Führer der Trade Unions vereinigen und Vorschläge zur Lösung dieses größten Problems machen, um eine reibungslose Übereinstimmung zwischen Kapital und Arbeit für den Industrieaufschwung zu erhalten. Dies wird vielleicht in England keine so große Schwierigkeit machen. Der englische Arbeiter steht ja zwischen Proletarier und Kapitalisten. Diese Stellung ruht auf der Arbeit der unterworfenen Proletariervölker und sie ist auch die Erklärung für die imperialistische Haltung der englischen Arbeiterschaft.

Die überseeischen Konsulats- und Handelsvertretungen sollen reorganisiert werden, eine Aufgabe für die Federation of British Industries, denn ohne dies nützen wieder alle Übereinkommen zwischen Arbeitgebern und Arbeitnehmern nichts. Wenn es aber durch vereinte Anstrengungen der Arbeitgeber und Arbeitnehmer gelingt, die Erzeugung zu steigern, dann sind allerdings die Aussichten der englischen Industrie glänzend.

Das Departement of Overseas Trade, das in Verbindung mit den großen englischen Industrieverbänden arbeitet, hat die Aufgabe, Auskünfte über die Leistungsfähigkeit der englischen Fabriken zu sammeln. Diese werden geordnet, um Anfragen aus dem Überseegebiet ohne Verzögerung an die geeignetste Fabrik weiterzuleiten. In der angelegten Preislisten- und Werbeschriften-Bücherei sind auch bereits über 10000 Preislisten feindlicher Firmen vorhanden. Sie zeigen dem englischen Erzeuger, welche Waren und zu welchen Preisen das feindliche Ausland eingeführt hat. Die Lage des Arbeitsmarktes in den verschiedenen englischen Industriebezirken wird gleichfalls verfolgt, damit keine Zeit dadurch verloren geht, und Anfragen nur an solche Stellen weitergegeben werden, die in der Lage sind, die betreffenden Waren herzustellen und zu liefern.

Da auch in England die Kapitalmittel der Industrie durch hohe Einkommensteuern und Kriegssteuern eine Verringerung erhalten, werden den Fabrikanten durch britische Handelsbanken größere Kredite zu gewähren sein, um die erhaltenen Aufträge zu finanzieren, da eine sofortige Abwälzung auf den Abnehmer in den meisten Fällen unmöglich ist. Hierzu ist die British Corporation mit einem Aktienkapital von 10 Mill. £ gegründet worden. Die British

Corporation hat von der Regierung die Konzession für 60 Jahre erhalten. Sie hat das Recht, als Vertreter der britischen Regierung aufzutreten. Die Regierung hat sich aber das Recht vorbehalten, auch andere Vertreter anzustellen. Die Konzession kann ihr entzogen werden, wenn sie von ihrer Zweckbestimmung, Handel und Industrie Englands und der Kolonien zu entwickeln, abweicht. Gegen die Möglichkeit, daß das Unternehmen durch Abtreten von Aktien unter ausländische Kontrolle kommen könnte, sind alle Maßnahmen getroffen. Die British Corporation hat noch das ausgesprochene Ziel, die wirtschaftliche und politische Wiedererstarkung Deutschlands durch Unterbindung seiner Wirtschaftsinteressen im Auslande zu verhindern. Das Arbeitsgebiet der britischen Großbanken und Kolonialbanken bleibt unberührt. Die Körperschaft erhält ein „Informationsbureau", das die Pläne für die von Handel und Industrie als wünschenswert bezeichnete Krediterweiterung auszuarbeiten hat. Mit der Gründung dieser Körperschaft unternimmt die englische Industrie eine Aufgabe, die ihr ebenso wichtig ist wie die der Reorganisation der Industrie.

England hat auch seine amtlichen Einrichtungen grundsätzlich umgestaltet und vergrößert. In dem neuen Überseehandelsamt ist eine große, vorzüglich eingearbeitete Institution für die Außenhandelsförderung und für die Bekämpfung des fremden Handels geschaffen, dem Deutschland nichts Ähnliches gegenüberzustellen hat.

Auch die Handelskommissare und Konsulate sind angewiesen, den britischen Fabrikanten in der Wahl von geeigneten Vertretern behilflich zu sein. Die Anträge werden von dem Überseeamt bearbeitet.

Das Amt arbeitet auch Handbücher für wirtschaftliche Auskünfte über verschiedene Länder aus. Diese Nachschlagewerke werden die Naturschätze, Erzeugnisse, Handelsverträge und -gesetze, Transport- und Handelsmethoden behandeln. Frankreich und Argentinien sind fertig, Brasilien, Italien und Griechenland in Vorbereitung.

Periodische Berichte der diplomatischen Handelsvertreter werden wieder eine systematische Übersicht über die hauptsächlichsten Länder liefern. Diese werden ev. für die technische Forschung oder im Falle großen Interesses in wirtschaftliche Denkschriften ausgearbeitet.

Ein scharf ausgebautes Zollsystem soll die Industrie und den Handel Großbritanniens schützen.

Bei der Ausarbeitung der leitenden Grundsätze sind folgende Korporationen hinzugezogen worden: Institution of Electrical Engineers, Incorporated Municipal Electrical Association, Association of Electrical Power Companies, British Electrical and Allied Manufacturers, Cable Makers Association; außerdem eine Reihe hervorragender beratender Ingenieure, Fabrikanten von elektrischem Material, Direktoren und Ingenieure von großen öffentlichen Kraftwerken usw.

Dieses Zollsystem soll folgenden Bedingungen genügen:

1. Zollunion zwischen Großbritannien und den Kolonien. Zu einer späteren Zeit ist der freie Handel im britischen Reiche einzuführen.
2. Zoll auf alle ausländischen Waren, welche in britischen Werkstätten herstellbar sind.
3. Vorzug für alle Waren, welche in überseeischen Teilen des Reiches hergestellt und importiert werden.
4. Den Ländern, welche jetzt mit England verbunden sind, soll ein geringerer Vorzug eingeräumt werden.
5. Vorzüge in neutralen Ländern, soweit es möglich ist.
6. Aber hohen Zoll auf alle Güter aus Österreich und Deutschland nicht nur in Großbritannien, sondern auch in allen überseeischen Teilen des Reiches.
7. Soweit auf Grund der Verkettung aus den Zollvorschlägen für den einen Industriezweig Schädigungen für einen anderen folgen, ist die Frage dieser Warenklasse vom Standpunkt des nationalen Interesses zu behandeln.

Das Ziel ist also, zu verhindern, daß ausländische Waren in England billiger gekauft werden als im Ursprungslande und daß Waren aus jenen Ländern, deren Münzstand gegenüber dem Sterlingkurs sehr gesunken ist, zu wesentlich niedrigeren Preisen abgesetzt werden, als sie in Großbritannien hergestellt und verkauft werden können.

Nun ist aber in Zukunft mit Abschließungsbestrebungen aller Staaten gegen Einfuhr fremder Industrieerzeugnisse zu rechnen. Diese werden sich aus rein volkswirtschaftlichen Gründen überall geltend machen, auch zwischen den einzelnen Gliedern des englischen Weltreiches.

Australien hat sich durch Zölle stark gegen England geschützt, und den Ausschluß anderer Staaten durch noch höhere Zölle versucht. Kanada wiederum hat durch seine zollpolitischen Maßnahmen Annährung an die Vereinigten Staaten von Amerika gesucht. Darin aber sind alle Vertreter der englischen Elektrizitätsindustrie einig, Deutschland aus den englischen Handelsbeziehungen auszuschließen.

Diese protektionistischen und nationalistischen Grundsätze schließen die geschäftlichen Beziehungen der elektrischen Industrie Deutschlands mit England und seinen überseeischen Besitzungen nicht völlig aus. Einige Türen hat England offengelassen, da der britische Bedarf in der nächsten Zeit mit der heimischen Erzeugung nicht wird auskommen können.

Für folgende Waren ist auch kürzlich das Einfuhrverbot aufgehoben worden:

Staubsauger, elektrische Kleinmotoren bis $1\,^1/_4$ P. S., Walzmotoren für Nebenbetriebe bis 25 P. S. und Einphasen-Repulsions-Motoren, elektrische Meßgeräte aller Art bis 4 Zoll Skalendurchmesser, biegsame Leitung für Fernsprech- und Hausanlagen.

Die Einfuhr folgender Waren wird auf besonderen Antrag hin von Fall zu Fall genehmigt: Elektrische Glühlampen, Zähler für Hausanlagen, Meßgeräte über 4 Zoll Skalendurchmesser, elektrische Koch-, Heiz- und Plättvorrichtungen, elektrische Kabel und Drähte, Taschenlampenbatterien, elektrische Motore und Teile derselben, elektrische Nebenteile und Lüfter.

Die Einfuhr von Trockenbatterien und Elementen bleibt vorläufig verboten. Glas für Herstellung elektrischer Glühlampen darf nur bis 50 v. H. der Einfuhr von 1913 eingeführt werden.

Aus der Einfuhrerleichterung scheinen Dänemark und Holland den Hauptnutzen zu ziehen.

Fraglich ist es auch, ob diese schutzzöllnerische Front allein gegen Deutschland aufmarschiert, und ob sie sich in gewissem Sinne nicht auch gegen die Vereinigten Staaten und Japan richtet. Der Elektrizitätsindustrie Englands steht Amerika, Japan und auch Deutschland gegenüber.

Die Vergangenheit hat gezeigt, daß es Deutschlands elektrischer Industrie gelungen ist, in Ländern wie Rußland und Spanien, wo England unter gleichen Bedingungen konkurrierte, festen Fuß zu fassen, ja selbst in Englands Kolonien. Dieser größere Erfolg Deutschlands ruhte auf der Grundlage seiner straffen kaufmännischen und technischen Organisation im Einkaufsverfahren der Rohstoffe, im Verkaufsverfahren der Halb- und Fertigfabrikate und im Banksystem, die alle ohne Reibung zusammenarbeiteten.

Deutschland rechnete nach Maß und Gewicht des Auslandes, berücksichtigte in jeder Weise die Wünsche und Eigentümlichkeiten des Auslandes, führte den Geschäftsverkehr in den Auslandssprachen und gewährte langen Kredit. In dem letzten Punkte ist zurzeit von Amerika Wandel geschaffen. Durch Gründung von besonderen Zweigniederlassungen wurde stets der gewonnene Einfluß gesichert.

Regierung, Provinzial- und Kommerzialverbände, Eisenbahnen usw. haben einen Auftrag nur ins Ausland gelegt, wenn die nationale Industrie ihn nicht auszuführen imstande war.

Deutschlands Erfolge in der elektrotechnischen Ausfuhr waren auf seinen inneren Absatz aufgebaut, auf dem der Export als Grundlage zu ruhen hat.

Dies waren die allgemeinen privatwirtschaftlichen Grundsätze für die Eroberung der ausländischen Märkte: Anpassung hinsichtlich der Sprache, der Masse, der Preise in dem Propagandamaterial und des Kredits an die Verhältnisse des Auslands und nationale Industriepolitik im Inlande.

Die deutsche Regierung wiederum als Eigentümerin von Kohlenminen, Eisenwerken, chemischen Werken usw. ist Mitglied mächtiger Kartelle und war dadurch vor dem Kriege in der Lage, dem Export finanzielle Unterstützung zu gewähren, ohne daß sie direkte Beihilfen zahlte.

Diese ermöglichten der Exportindustrie, das Auslandsgeschäft zu dieser Größe aufzubauen. Die deutsche Regierung schützte die Erzeuger nicht nur durch Tarife vor auswärtiger Konkurrenz, sie beförderte Exportwaren auf ihren Eisenbahnen zu ermäßigten Sätzen. Die Tarifpolitik der deutschen Bahnen war für Ladungen von 10 t aufwärts ermäßigt und ebenso für Stückgut, das zur Ausfuhr bestimmt war. Sie zahlte Subventionen an deutsche Reedereien, die deutsche Erzeugnisse ausführten. An ihrer Stelle sitzen jetzt die Tarifkommissionen der Entente, während die Schiffe noch lange fehlen werden. Die deutschen Banken gewährten den im Exporthandel tätigen Fabrikanten schnelle und reichliche Unterstützung, während die Syndikate selbst ein scharfes System für Exportprämien ausgearbeitet hatten. Nun werden die Finanzen Deutschlands so erschöpft, daß diese Art von Subventionen ohne Willen der Entente nicht wieder aufgenommen werden kann.

Welchen Vorteil England von dem außerordentlichen Weltbedarf haben wird, hängt von der Steuer- und Arbeiterpolitik ab. die befolgt werden wird.

Wenn die englische Regierung der Industrie gegenüber eine klare Politik einschlägt, frei von beunruhigenden sozialistischen Experimenten, wenn die bereits erwähnte Vereinigung von Arbeit und Kapital gelingt, so wird die englische produktive Fähigkeit voll in Wirkung treten können. Die beständigen Forderungen nach höheren Löhnen und kürzerer Arbeitszeit bedeuten aber eine schwere Gefährdung der industriellen Entwicklung, da Industrie und Handel Vorkehrungen für die Zukunft nicht treffen können. Die Möglichkeit, durch gesteigerte Leistung die Arbeitszeit wieder auszugleichen, ist aber in den verschiedenen Zweigen der elektrischen Erzeugung verschieden und kann nicht in Rechnung gesetzt werden. Die Grenze ist sicher dann erreicht, wenn durch gesteigerte Löhne und verkürzte Arbeitszeit die Herstellungskosten eine Höhe erreichen, daß durch keine noch so starke Leistungssteigerung der schädigende Einfluß beseitigt werden kann. Die zweite Gefahr droht der Industrie durch eine zu hohe Besteuerung, durch welche ihr die Geldmittel entzogen werden, die sie für die Ausdehnung nötig hat.

Wird die produktive Industrie schwer belastet, und kann ihr kein staatlicher Schutz gewährt werden, wird die Arbeiterschaft die beabsichtigte volle Ausnutzung der Arbeitskraft nicht gewährleisten, dann wird der britische Welthandel nicht den erwarteten Anteil erhalten. Die kommenden Handelsoffensiven können nur durch harte Arbeit gewonnen werden. Der Hauptanteil des Welthandels wird hierbei dem Volke zufallen, das die besten Waren zu den billigsten Preisen und in kürzester Zeit wird liefern können.

Von den Kolonien Englands wird *Australien* Abnehmer von elektrischen Maschinen, Einrichtungen und Gebrauchsgegenständen sein. England wird hier stark mit amerikanischer und japanischer Konkurrenz rechnen müssen. Die japanische Einfuhr für Lampen,

Umschalter, Isolatoren, Glasartikel hat sich gehoben und es werden vollständige Installationen angeboten. Deutschland hat früher große Aufträge in Isolatoren erhalten. Jetzt bestehen außer den japanischen auch heimische Erzeugnisse.

Die Versuche, selbst Elektromotore zu bauen, haben zu keinem guten Ergebnisse geführt. Schalttafeln und andere Schalteinrichtungen können hergestellt werden.

Die Einfuhr elektrischer Maschinen aus England ist noch nicht so fühlbar, wohl aber ist die Bevorzugung amerikanischer Maschinen vorhanden.

Die Einfuhr von elektrischen Kabeln und Leitungen zeigen ein außerordentliches Anwachsen der japanischen Ziffern.

In der Tabelle ist die Ausfuhr aus den einzelnen Ländern angeführt.

Die elektrotechnische Einfuhr Australiens.

Gegenstand und Ursprungsland	Einfuhr in 1000 £		Zu- bzw Abnahme der Einfuhr in 1000 £
	1913	1917/18	
Generatoren und Transformatoren bis 200 P. S.			
aus Großbritannien	168	66	− 102
„ Italien	5	5	−
„ Schweden	9	6	− 3
„ den Vereinigten Staaten	154	176	+ 22
„ anderen Ländern	57[1])	2	− 55
	393	255	− 138

[1]) Darunter für 48 000 £ aus Deutschland.

Gegenstand und Ursprungsland	1913	1917/18	Zu- bzw Abnahme
Generatoren über 200 P. S.			
aus Großbritannien	56	9	− 47
„ den Vereinigten Staaten	10	13	+ 3
	66	22	− 44

Gegenstand und Ursprungsland	1913	1917/18	Zu- bzw Abnahme
Regler und Anlasser			
aus Großbritannien	26	23	− 3
„ den Vereinigten Staaten	39	35	− 4
„ anderen Ländern	9[1])	−	− 9
	74	58	− 16

[1]) Darunter für 7000 £ aus Deutschland.

Gegenstand und Ursprungsland	1913	1917/18	Zu- bzw Abnahme
Beleuchtungskörper			
aus Großbritannien	36	2	− 34
„ den Vereinigten Staaten	2	6	+ 4
	38	8	− 30

Gegenstand und Ursprungsland	Einfuhr in 1000 £		Zu- bzw. Abnahme der Einfuhr in 1000 £
	1913	1917/18	
Glühlampen und Zubehör			
aus Großbritannien	57	27	— 30
„ Japan	—	19	+ 19
„ den Vereinigten Staaten . . .	47	61	+ 14
„ anderen Ländern	50[1]	7[2]	— 43
	154	114	— 40

[1]) Darunter für 41 000 £ aus Deutschland.
[2]) Darunter für 5000 £ aus Canada.

Gegenstand und Ursprungsland	Einfuhr in 1000 £		Zu- bzw. Abnahme der Einfuhr in 1000 £
Installationsteile einschließlich Blitzschutzvorrichtungen			
aus Großbritannien	51	15	— 36
„ Japan	—	12	+ 12
„ den Vereinigten Staaten . . .	16	22	+ 6
„ anderen Ländern	14[1]	1	— 13
	81	50	— 31

[1]) Darunter für 11 000 £ aus Deutschland.

Gegenstand und Ursprungsland	Einfuhr in 1000 £		Zu- bzw. Abnahme der Einfuhr in 1000 £
Fernsprecher und Zubehör			
aus Großbritannien	47	14	— 33
„ Belgien	25	—	— 25
„ Schweden	46	1	— 45
„ den Vereinigten Staaten . . .	47	42	— 5
	165	57	— 108

Gegenstand und Ursprungsland	Einfuhr in 1000 £		Zu- bzw. Abnahme der Einfuhr in 1000 £
Blanke Leitungen			
aus Großbritannien	175	4	— 171
„ Japan	—	15	+ 15
„ den Vereinigten Staaten . . .	11	27	+ 16
„ anderen Ländern	27[1]	7[2]	— 20
	213	53	— 160

[1]) Darunter für 19 000 £ aus Deutschland.   [2]) Aus Canada.

Gegenstand und Ursprungsland	Einfuhr in 1000 £		Zu- bzw. Abnahme der Einfuhr in 1000 £
Isolierte Kabel und Leitungen			
aus Großbritannien	554	24	— 530
„ Japan	—	124	+ 124
„ Italien	2	1	— 1
„ den Vereinigten Staaten . . .	20	32	+ 12
„ anderen Ländern	61[1]	—	— 61
	637	181	— 456

[1]) Darunter für 56 000 £ aus Deutschland.

Gegenstand und Ursprungsland	Einfuhr in 1000 £		Zu- bzw. Abnahme der Einfuhr in 1000 £
	1913	1917/18	
Bogenlampenkohlen			
aus Großbritannien	—	3	+ 3
„ Spanien	—	4	+ 4
„ den Vereinigten Staaten . . .	—	3	+ 3
„ Deutschland	17	—	— 17
„ anderen Ländern	1	—	— 1
	18	10	— 8
Elektrische Koch- und Heizvorrichtungen			
aus Großbritannien	7	6	— 1
„ den Vereinigten Staaten . . .	3	7	+ 4
	10	13	+ 3
Akkumulatoren, Bogenlampen und Meßgeräte			
aus Großbritannien	109	28	— 81
„ Schweden	1	1	—
„ den Vereinigten Staaten . . .	11	62	+ 51
„ anderen Ländern	46 [1])	6 [2])	— 40
	167	97	— 70

[1]) Darunter für 43 000 £ aus Deutschland.
[2]) Darunter für 4000 £ aus der Schweiz.

Gegenstand und Ursprungsland	Einfuhr in 1000 £		Zu- bzw. Abnahme der Einfuhr in 1000 £
	1913	1917/18	
Sonstige elektrotechnische Erzeugnisse			
aus Großbritannien	90	47	— 43
„ Dänemark	10	—	— 10
„ Japan	—	34	+ 34
„ Holland	10	68	+ 58
„ den Vereinigten Staaten . . .	36	82	+ 46
„ anderen Ländern	65 [1])	2	— 63
	211	233	+ 22

[1]) Darunter für 55 000 £ aus Deutschland.

Die australische Regierung verfolgt den Zweck, in erster Linie den heimischen Erzeuger, dann den englischen und schließlich den verbündeten zu bevorzugen. Der deutsche Händler dürfte nicht so leicht wieder aufkommen.

Das Einfuhrgesetz unterwirft die Waren nach Zollabfertigung einer nochmaligen Prüfung. Waren, deren Herstellungsort nicht zu erkennen ist, können zurückgewiesen werden.

Nun kann aber auch durch den Zoll das Umgekehrte dessen erreicht werden, was erstrebt wird. So beträgt für Glühlampen der Einfuhrzoll für britische Lampen 20 v. H. und für andere 25 v. H. des Rechnungswertes ab Ausfuhrhafen. Als Rechnungswert gilt der Preis der Lampe im Ausfuhrlande am Tage der Faktur und 10 v. H. Aufschlag auf diesen Wert. Nun sind die Nachlässe für die Einfuhrhäuser in Australien abhängig von den Bestellungen des vorhergehenden Jahres und hier war Australien gezwungen, aus Japan und Holland zu beziehen. Alle diese Momente wirken dahin, daß der Einfuhrzoll für eine Glühlampe aus Japan $2\,^1/_2$, aus Holland $2\,^3/_4$ und aus England 5 Pence zu stehen kommt. So kann es noch lange dauern, bis die japanische Glühlampe vom australischen Markte verschwindet. Sicherlich werden die Japaner und auch die Amerikaner nicht bereit sein, ihre Eroberungen den Engländern freiwillig zu übergeben.

Die nachstehenden Zahlentafeln enthalten die wichtigsten Angaben über die Einfuhr von elektrotechnischen Erzeugnissen nach der *südafrikanischen Union* und nach *Ägypten* in den Jahren 1917/18:

Gegenstand und Ursprungsland	Einfuhr in 1000 £		Zu- bzw. Abnahme der Einfuhr in 1000 £
	1917	1918	
Kabel und Leitungen			
aus England	66	51	— 35
„ den Vereinigten Staaten	10	32	+ 22
„ Kanada	—	3	+ 3
„ anderen Ländern	2	38	+ 36
	78	104	+ 26
Apparate			
aus England	116	86	— 30
„ Holland	24	95	+ 71
„ den Vereinigten Staaten	61	79	+ 18
„ Japan	6	24	+ 18
„ anderen Ländern	8	4	— 4
	215	288	+ 73
Lampen und Zubehör			
aus England	13	12	— 1
„ den Vereinigten Staaten	15	13	— 2
„ Schweden	5	1	— 4
„ anderen Ländern	1	8	+ 7
	34	34	+ 0
Elektrische Maschinen			
aus England	84	57	— 27
„ Schweden	7	—	— 7
„ den Vereinigten Staaten	61	69	+ 8
„ anderen Ländern	—	1	+ 1
	152	127	— 25

Gegenstand und Ursprungsland	Einfuhr in 1000 £		Zu- bzw. Abnahme der Einfuhr in 1000 £
	1917	1918	
Fernschreiber und Fernsprecher			
aus England	19	11	— 8
„ Schweden	20	7	— 13
„ anderen Ländern	3	1	— 2
	42	19	— 25

Aus- und Einfuhr von elektrotechnischen Erzeugnissen in Ägypten.

Gegenstand und Ursprungsland	1913	1918	Zuwachs oder Abnahme
	Werte in 1000 £		
Elektrische Maschinen			
aus Großbritannien	15	12	— 3
„ den Vereinigten Staaten . .	3	—	— 3
„ Frankreich	27	1	— 26
„ Italien.	3	1	— 2
„ der Schweiz	1	6	+ 5
	49	20	— 29
Lampen jeder Art und Teile von Lampen			
aus Großbritannien	6	13	+ 7
„ Deutschland	21	—	— 21
„ Frankreich	6	13	+ 7
„ Italien	1	2	+ 1
„ Holland	2	13	+ 11
„ der Schweiz	—	1	+ 1
„ den Vereinigten Staaten . .	—	—	—
„ Japan	—	21	+ 21
„ anderen Ländern	37	6	— 31
	73	69	— 4
Elektrische Fernschreiber und Fernsprecher			
aus Großbritannien	46	35	— 11
„ Japan	—	18	+ 18
„ den Vereinigten Staaten . .	1	1	—
„ Frankreich	19	8	— 11
„ Italien.	3	7	+ 4
„ Schweden	18	6	— 12
„ der Schweiz	4	2	— 2
„ anderen Ländern	48	7	— 41
	139	84	— 55

Der asiatische Kontinent und seine Bearbeitung.

Japan.

Damit wären die wesentlichen Momente, die sich auf die Elektrizitätsindustrie der angelsächsischen Staatengruppe beziehen, hervorgehoben. Bei der Absatzpolitik und vor allem im Osten, wird als starker Mitbewerber Japan auftreten.

Die Entwicklung der japanischen Industrie hat nach dem Russisch-Japanischen Kriege schärfer eingesetzt und während des Weltkrieges, an dem Japan kaum beteiligt war, ihren Ausbau zum Mitbewerb auf dem Weltmarkt erhalten.

Hier reden die Kapitalserhöhungen allein für 1919 eine klare Sprache.

Art der Betriebe	Gründungskapital	Jetziges Kapital
	in 1000 Yen	
Banken	89 674	370 398
Bergbau	97 901	126 676
Elektrizität	152 344	298 758
Fabriken.	642 741	790 916
Schiffahrt	113 954	160 790

Das Land besitzt reiche Energie- und Rohstoffquellen.

Die japanischen Kohlengruben können jährlich 23 bis 25 Mill. t Kohle liefern, die nicht besonders wertvoll ist. Die Entwicklung des japanischen Hüttenwesens ist natürlich dadurch gehemmt. Brennstoffe und Erze werden von den Vereinigten Staaten eingeführt. So ist es verständlich, daß Japan in Ostasien Ausbeutungsrechte sucht für Rohstofflager. Der Wert dieser Rechte in China, die sich hauptsächlich auf Kohle, Eisenerze, Gold und Holz beziehen, betrug

1916	300 000	£
1917	473 000	„
1918 aber . .	6 400 000	„

Die Petroleumgewinnung Japans geht aus der Zusammenstellung hervor:

Jahr	Gewinnung rd. l
1892	13 300 000
1897	37 800 000
1902	160 000 000
1907	276 000 000
1912	262 000 000
1916	460 000 000

Das Hauptgebiet ist die Provinz Echigo. Außerdem sind die Provinzen Nigata, Hokaida, Akita, Yamagata, Nagano, Shidzuoka und die neuentdeckten Lager von Kurokawa bedeutsam. Die Inlandgewinnung ist zur Deckung des Eigenverbrauches nicht ausreichend. 1916 ist noch Petroleum im Werte von etwa 12,75 Mill. M eingeführt. Ölgebiete besitzt ferner Formosa.

Das japanische Hüttenwesen zieht große Vorteile aus den vorhandenen Wasserkräften. Auf der Insel Formosa wird ein Wasserkraftwerk von 130 000 P. S. gebaut, um die Insel mit elektrischem Strom zu versorgen. Die ausgenutzte Wasserkraft in Japan beträgt 463 437 kW und die Dampfkraft 162 364 kW.

In der Kupfererzeugung steht Japan an zweiter Stelle der Kupferländer, wie die folgende Zusammenstellung zeigt:

$$
\begin{aligned}
1914 \quad &.\ .\ .\ .\ .\quad 32\,045 \text{ t} \\
1915 \quad &.\ .\ .\ .\ .\quad 27\,723 \text{ „} \\
1916 \quad &.\ .\ .\ .\ .\quad 59\,690 \text{ „}
\end{aligned}
$$

Die Kupfererze werden im eigenen Lande verarbeitet.

Überraschend ist der starke Kupferimport Japans 1919, während Japan in früheren Jahren die Hälfte seiner eigenen Kupfererzeugung ausgeführt hat. Der Grund könnte gesteigerter Verbrauch sein, da Japan die wirtschaftliche Massenerzeugung gelernt hat und das Land in dieser Richtung sicherlich in einen neuen Abschnitt seiner industriellen Entwicklung eingetreten ist.

In der Zinkerzeugung nimmt Japan den zweiten Platz ein.

$$
\begin{aligned}
1915 \text{ wurden } &70\,000 \text{ t} \\
1916 \quad\ \text{„} \quad &86\,000 \text{ „ erreicht}
\end{aligned}
$$

und 120 000 t sind die Hoffnung. Im Jahre 1916 betrug der Wert sonstiger in Japan erzeugter Metalle für:

$$
\begin{aligned}
\text{Antimon} \quad &.\ .\ .\ .\quad 200\,000\ \pounds \\
\text{Silber} \quad &.\ .\ .\ .\ .\quad 700\,000 \text{ „} \\
\text{Gold} \quad &.\ .\ .\ .\ .\quad 100\,000 \text{ „} \\
\text{Kupfer} \quad &.\ .\ .\ .\quad 10\,000\,000 \text{ „}
\end{aligned}
$$

Der Verbrauch von Roheisen und Stahlerzeugnissen betrug im Jahre 1913 insgesamt 1 105 503 t, wovon im Lande selbst 242 676 t aus Erz erzeugt werden konnten.

Der Bedarf an Eisen und Stahl dürfte sich aber für die folgenden Jahre wie folgt stellen:

Jahr	Eisen und Stahl an t	Gießerei-Roheisen an t	Stahlerzeugnisse an t
1920	1 473 900	360 900	1 113 000
1923	1 725 000	430 000	1 295 000
1925	2 403 500	617 500	1 786 000
1928	2 855 000	743 000	2 112 000

Japan hofft 1920 etwa 1310000 t Roheisen und 1923 1500000 t selbst herzustellen, was sicherlich um 40 bis 50 % zu hoch ist. Die Roheisenerzeugung wird 500000 t im Jahre, die Stahlerzeugung 450000 t erreichen können. Von den letzteren werden 350000 t Stahl in dem staatlichen Werke in Edamitsui hergestellt, dessen Jahreserzeugung die Regierung aber bis auf 600000 t bringen will.

Das Streben, den Eisen- und Stahlbedarf vom Auslandsbezuge unabhängig zu machen, hat in der nächsten Zeit keine Aussicht auf Erfolg. Die Gestehungskosten, die in Japan etwa 13,5 Dollar, in Indien 7,5 Dollar, in China 10 Dollar für die Tonne betragen, werden den indischen und chinesischen Wettbewerb fühlbar machen.

Den Bezug von Eisenerzen aber hat Japan sich gesichert. Zur Ergänzung der unzureichenden Landesvorräte ist nahezu die Hälfte der chinesischen Erzlager unter den geldlichen Einfluß Japans gebracht und ebenso die Erzfelder von Korea und in der südlichen Mandschurei die Ansham-Eisenwerke. Die Ausgestaltung der bestehenden und die Errichtung neuer Werke wird die Eisen- und Stahlerzeugung in den nächsten Jahren beträchtlich zunehmen lassen.

Der Reichtum an Kupfer, Rohseide und eine gut entwickelte Textilindustrie gestattet es Japan, die Elektroindustrie in den verschiedenen Zweigen auszubauen und erfolgreich mit den Vereinigten Staaten und Europa in Güte wie in Preis in Wettbewerb zu treten.

Mit Ausnahme von guttaperchaisoliertem Seekabel hat die früher beträchtliche Einfuhr von isolierten Leitungen fast ganz aufgehört. Alle Arten Starkstrom- und Schwachstromkabel mit Gummi- und Papierisolierung für Hoch- und Niederspannung, biegsame Seidenschnüre, Telegraphendrähte usw. werden nunmehr in gut eingerichteten Fabriken unter sachverständiger und wissenschaftlicher Leitung in großen Mengen hergestellt. Für Kabel sind die Elektrische Gesellschaft in Tokio und die Fabrik elektrischer Apparate in Osaka am leistungsfähigsten.

Porzellanisolatoren, sowie Porzellan- und Glaswaren für alle Zwecke, Umschalter und Ausschalter, Lampenhalter und Metallfadenlampen werden als Massenartikel und billig hergestellt. Die Fabriken stehen unter Aufsicht eines Monopolverbandes. Elektrische Ventilatoren, Klingeln, Batterien und Anlagen jeder Art sind billiger zu kaufen, als die westlichen Staaten sie herstellen können.

Schalttafeln, Instrumente und Zähler für höhere Anforderungen werden eingeführt. Für dieses Gebiet und für Groß-Maschinen und Hochspannungs-Schaltvorrichtungen wird Japan noch ein großes Absatzgebiet für amerikanische Waren sein, ebenso für Laboratoriums-, Prüfungsinstrumente und Telegraphenapparate. Die einheimischen Fabrikate nehmen aber ständig an Güte zu, so daß auch hier die Einfuhr zurückgeht. In Telephonen deckt Japan den eigenen Bedarf und hat bereits beträchtliche Ausfuhr nach den benachbarten Gebieten. Telephone fabrizieren Oki & Co. und die Japanische

Elektrizitäts-Gesellschaft in Tokio. Die Regierung hat für die elektrotechnische Ausfuhr Prämien angesetzt.

In der Lieferung elektrischer Glühlampen nach Rußland, die sonst aus Deutschland kamen, hat Japan in den letzten Jahren, wenn auch sicher nur vorübergehend, Deutschlands Platz eingenommen. Die Jahresproduktion der größten Fabriken, der Tokio Denkju Kaisha, betrug damals 25 Mill., der Osaka Denkju 4 Mill., der Kransai Denkju 1,2 Mill., der Dai Nippon Denkju 5 Mill. und der Taisho Denkju 1,5 Mill., im ganzen etwa 37 Mill. Stück. Einige kleinere Fabriken lieferten geringere Mengen. Dieser Erzeugung steht der Jahresverbrauch des Landes mit 30 Mill. Lampen gegenüber. Die Glühlampenfabriken Japans sind sicher genügend erweitert, um nunmehr in größerem Umfange auch für die Ausfuhr arbeiten zu können.

Japan versucht, sich immer mehr von der Einfuhr ausländischer Maschinen freizumachen, um diese selbst herzustellen. Elektromotoren von mehr als 10 000 kW, die früher ausschließlich aus Deutschland, England und Amerika bezogen wurden, werden jetzt im eigenen Lande hergestellt.

Kleine Motoren bis zu 10 P. S. werden in großen Mengen gebaut und gutlaufende, mittelgroße Motoren und Stromerzeuger bis zu 100 P. S. zu verhältnismäßig billigen Ausfuhrpreisen im Vergleich zu den europäischen hergestellt. Ebenso Transformatoren von gutem Wirkungsgrade, deren Eisenbleche aus den Vereinigten Staaten eingeführt werden. Außer Kleinmotoren stellen Fabriken wie Shibaura und Meidensha in Tokio, Hitachi und Sukogawa, die Mitsubishiwerft in Nagasaki große Maschinen und Transformatoren her.

Auch die Ausfuhr derartiger Maschinen nach dem Auslande, insbesondere nach China, Niederländisch-Indien, den Südseegebieten und Russisch-Asien ist gestiegen.

Bemerkenswert aber ist der Wert der eingeführten Maschinen vom Januar/Juli 1918 und 1919, der sich dem Werte nach auf die einzelnen Hauptländer wie folgt verteilt:

Einfuhr aus	Januar/Juli 1918 Yen	Januar/Juli 1919 Yen
Großbritannien . .	5 984 135	9 770 979
Frankreich	15 464	520 005
Deutschland . . .	37 260	5 492
Schweiz	33 710	848 614
Schweden	292 116	2 128 649
Vereinigte Staaten .	23 344 084	38 922 000
Andere Länder . .	464 607	85 547

Dynamos, Transformatoren, elektrische Motoren weisen eine bemerkenswerte Zunahme auf. Alles deutet darauf hin, daß die Industrie im Inlande wie auswärts entwickelt werden soll.

Die Elektroindustrie hat entsprechend den vorhandenen Zentralen und Straßenbahnen einen bedeutenden inneren Markt zur Verfügung. Die Zahl der Elektrizitätsunternehmungen ist auf 2617 gestiegen, die durch Wasser, Dampf oder Gas betrieben werden.

Das japanische Eisenbahnnetz hat eine Länge von 2300 km. Hierzu kommen noch etwa 450 km Privatbahnen und 2300 km in Privatbesitz befindliche Kleinbahnen.

Das Straßenbahnnetz hat eine Ausdehnung von etwa 2250 km und gehört teils Privatgesellschaften, teils den Ortsverwaltungen.

Auf Korea, der Halbinsel Shantung, in der Mandschurei, auf den Inseln Sachalin und Formosa liegen 3900 km Eisenbahnstrecke, welche amerikanischen oder russischen Ursprungs sind, und die 450 km deutsche Linie von Tsingtau nach Tsinanfou. Der für die Unterhaltung der Eisenbahn nötige Stahl kann im eigenen Lande erzeugt werden.

Die Fernsprecher und Telegraphen einschließlich der drahtlosen Anlagen sind Staatseigentum; es gibt 6000 Telegraphenstationen und ungefähr 4200 Fernsprechämter. Gerade dieses Gebiet zeigt den Fortschritt, den Japan seit 1871, wo der Telegraph und seit 1891, wo der erste Fernsprecher eingeführt wurde, gemacht hat. Einen Überblick werden die Ein- und Ausfuhrtabellen für 1913—1918 geben, zu deren Zahlen Bemerkungen überflüssig sind.

Einfuhr	1913 £	1916 £
Materialien für Oberleitungsbau	4 000	—
Seekabel	5 000	132 000
Isolierte Drähte außer Kabel	206 000	2 000
Elektrische Messgeräte	64 000	29 000
Akkumulatoren	25 000	1 000
Telegraphen- und Fernsprechapparate . . .	9 000	6 000
Dynamos, Elektromotoren, Transformatoren, Umformer und Anker	374 000	40 000
Dynamos mit Antriebmaschinen	65 000	45 000
Glühlampen	30 000	2 000
Fäden für Glühlampen	8 000	63 000

Ausfuhr	1913 £	1916 £
Isolierte Drähte	26 000	115 000
Elektrische Maschinen und Apparate . . .	48 000	147 000
Fernsprechapparate	5 000	92 000
Glühlampen	—	67 000

Einfuhr.

Gegenstand und Ursprungsland	Einfuhr in 1000 Yen		Zu- bzw. Abnahme der Einfuhr in 1000 Yen. 1 Yen = 2,09 M. Friedenskurs
	1917	1918	
Isolierte Leitungen			
aus den Vereinigten Staaten . . .	47	70	+ 23
Motoren, Generatoren, Transformatoren			
aus Großbritannien	49	38	— 11
„ den Vereinigten Staaten . . .	1077	2976	+ 1899
„ anderen Ländern	4	47	+ 43
	1130	3061	+ 1931
Fernschreiber, Fernsprecher und Teile von diesen			
aus Großbritannien	7	1	— 6
„ den Vereinigten Staaten . . .	50	75	+ 25
„ anderen Ländern	4	15	+ 11
	61	91	+ 30
Glühlampen			
aus den Vereinigten Staaten . . .	12	39	+ 27
„ anderen Ländern	3	5	+ 2
	15	44	+ 29
Leuchtdrähte für Glühlampen			
aus Großbritannien	118	107	— 11
„ Frankreich	33	7	— 26
„ der Schweiz	1	—	— 1
„ Schweden	23	3	— 20
„ den Vereinigten Staaten . . .	240	202	— 38
	416	320	— 96
Kohlen für elektrotechnische Zwecke			
aus Großbritannien	13	20	+ 7
„ den Vereinigten Staaten . . .	210	251	+ 41
„ anderen Ländern	3	4	+ 1
	226	275	+ 49
Zähler			
aus Großbritannien	42	23	— 19
„ der Schweiz	252	201	— 51
„ den Vereinigten Staaten . . .	185	236	+ 51
„ anderen Ländern	1	—	— 1
	480	460	— 20

Gegenstand und Ursprungsland	Einfuhr in 1000 Yen		Zu- bzw. Abnahme der Einfuhr in 1000 Yen. 1 Yeu = 2,09 M. Friedenskurs
	1917	1918	
Meßgeräte			
aus den Vereinigten Staaten . . .	164	217	+ 53
„ anderen Ländern	3	1 .	— 2
	167	218	+ 51
Akkumulatoren			
aus Großbritannien	21	—	— 21
„ Deutschland	—	4	+ 4
„ den Vereinigten Staaten . . .	15	22	+ 7
	36	26	— 10

Ausfuhr.

Gegenstand und Ursprungsland	Einfuhr in 1000 Yen		Zu- bzw. Abnahme der Einfuhr in 1000 Yen. 1 Yeu = 2,09 M. Friedenskurs
Isolierte Leitungen			
nach China	1129	1312	+ 183
„ der Provinz Kwantung . . .	566	622	+ 56
., Hongkong	139	173	+ 34
., Britisch-Indien	464	1349	+ 885
., Britisch-Straits Settlements .	45	119	+ 74
., Niederländisch-Indien	165	1025	+ 860
„ Französisch-Indo-China . . .	17	40	+ 23
., dem asiatischen Rußland . .	159	70	— 89
„ den Philippinen	—	44	+ 44
„ Siam	60	44	— 16
,, Großbritannien	4	63	+ 59
,, Chile	10	86	+ 76
., Argentinien	8	305	+ 297
,, Ägypten	—	107	+ 107
,, der Kapkolonie und Natal .	78	214	+ 136
,, Australien	169	2485	+ 2316
, Neuseeland	103	231	+ 128
,, anderen Ländern	3	35	+ 32
	3119	8324	+ 5205
Elektrische Lampen			
nach China	376	482	+ 106
„ der Provinz Kwantung . . .	167	242	+ 75
,, Hongkong	69	157	+ 88
„ Britisch-Indien	239	267	+ 28
,, Niederländisch-Indien	56	108	+ 52
„ dem asiatischen Rußland . .	1243	37	— 1206
„ Großbritannien	33	143	+ 110
„ Frankreich	6	135	+ 129
„ Italien	—	61	+ 61
„ den Vereinigten Staaten . .	230	53	— 177
„ Kanada	296	239	— 57
„ Südamerika	6	54	+ 48
„ Ägypten	4	55	+ 51
„ Australien	71	379	+ 308
„ anderen Ländern	51	164	+ 113
	2847	2576	— 271

Gegenstand und Ursprungsland	Ausfuhr in 1000 Yen		Zu- bzw. Abnahme der Ausfuhr in 1000 Yen. 1 Yen = 2,09 M. Friedenskurs
	1917	1918	
Elektrische Maschinen und Teile von diesen			
nach China	698	1005	+ 307
„ der Provinz Kwantung	757	1513	+ 756
„ Hongkong	42	62	+ 20
„ Britisch-Indien	330	207	— 123
„ Britisch-Straits-Settlements	27	53	+ 26
„ Niederländisch-Indien	46	275	+ 229
„ dem asiatischen Rußland	241	13	— 228
„ Großbritannien	84	33	— 51
„ Frankreich	—	245	+ 245
„ der Kapkolonie und Natal	39	83	+ 44
„ Australien	148	296	+ 148
„ Neuseeland	12	53	+ 41
„ anderen Ländern	69	146	+ 77
	2493	3984	+ 1491
Fernsprecher und Teile von diesen			
nach China	203	182	— 21
„ der Provinz Kwantung	67	172	+ 105
„ Niederländisch-Indien	1	42	+ 41
„ dem asiatischen Rußland	131	12	— 119
„ dem europäischen Rußland	22	—	— 22
„ anderen Ländern	6	13	+ 7
	430	421	— 9

Japan ist deshalb für die europäische und amerikanische Industrie gefährlich, weil ihm China und Indien als Absatzgebiet offenstehen. So betrug z. B. die Gesamteinfuhr nach Indien

1913 . . . . 3 000 000 £
1919 . . . . 22 348 506 „

Japans Anteil an dem Handel mit elektrischen Maschinen im fernen Osten war vor dem Kriege praktisch gleich Null. Deutsche, britische und amerikanische Häuser beherrschten den Markt. Nunmehr hat Japan hier ein ausgedehntes Absatzgebiet für elektrische Lampen, Kabel, Zubehörteile, Schalter, Drähte, elektrische Maschinen und Apparate aller Art, von den Stromerzeugern und Motoren bis zu den Fernsprechern. China sind elektrische Anleihen gewährt. Unter den bedeutenderen dieser Anleihen ist die Telegraphen-Anleihe von über 40 Mill. M. Durch diese Anleihe hat Japan das Recht, verschiedene Linien zu finanzieren und mit japanischem Material zu bauen. Es ist ferner ausgemacht, daß japanische Finanzleute das Vorrecht auf jede zukünftige Telegraphenanleihe haben sollen. Mit der Drahtlosen Telegraphie-Anleihe von 6 Mill. M. werden die telegraphischen Verbindungen Chinas teilweise in japanische Hände kommen.

Auch ein großer Teil der elektrischen Licht- und Kraftanlagen Chinas sind in japanischen Händen. Auch hat Japan am Yangtse durch eine chinesisch-japanische Gesellschaft den Abbau von Eisenerzlagern begonnen.

In der südlichen Mandschurei ist die Tätigkeit sehr intensiv.

Den japanischen Kapitalisten wird allgemein die Kapitalsanlage in der Mandschurei und China empfohlen, nicht allein um einer Inflation im eigenen Lande vorzubeugen. So sind nicht weniger als 75 neue Gesellschaften gegründet. Die neuen Gesellschaften sind an den Küstenplätzen sowie an Orten längs der Eisenbahn errichtet.

Die Südmandschurische Eisenbahngesellschaft ist zu einer Geschäftspolitik verpflichtet, welche die industrielle Entwicklung der Mandschurei und Mongolei zu fördern hat. Der Ausbau der Eisenbahn, Schiffahrt und Häfen, Gas- und Elektrizitätswerke, Bergbau und Eisenwerke usw. ist vorgesehen. Die Gesellschaft wird ihr Kapital auf 500 Mill. Yen erhöhen.

Die Eisenbahnlinie Changhun—Kirin wird nach Hoi-Yang ausgedehnt. Diese neue Linie wird die Ost- und Nordmandschurei mit dem neuen Hafen von Nord-Ost-Korea, Chyong-Yin, verbinden. Von diesem Hafen, der einen Wasserstand für Schiffe bis 10 000 t hat, werden die japanischen Waren auf den asiatischen Markt geworfen werden. Die Bahnlinie ist durch die reichsten und fruchtbarsten Gegenden der Mandschurei geführt, um deren Erzeugnisse wie Fleisch, Eier, Früchte und Gemüse nach japanischen Häfen zu verladen.

In der Provinz Fengtien wird die Okura & Co.-Gesellschaft die Eisenerze ausbeuten.

Amerikanische und japanische Kapitalisten denken auch gemeinsam die Ausbeutung und Erschließung in Sibirien und der Mandschurei vorzunehmen. Diese gemeinsamen Bestrebungen sollen vielleicht ein Versuch sein, „Mißverständnisse" auszuschalten, die in Amerika gegen Japan und seine Bestrebungen vorhanden sind.

Der Hafen von Schanghai soll großzügig ausgebaut werden. Vor allem die englische Industrie wird sich wohl mit der Einschränkung des Handels nach Japan abfinden müssen.

Bei der Gegenüberstellung England — Japan ist der englische Handel in Japan von dem Wettbewerb des englischen und japanischen Handels in anderen Ländern zu unterscheiden.

Japan wird sicher größeren Bedarf an hochwertigen Verbrauchsgegenständen haben. Das Gesetz der Verschiebung des Absatzes ohne Abnahme des Absatzes wird bei Japan seine Bestätigung finden, unabhängig von allen Zollsätzen. Große japanische Bestellungen werden nach England und den Vereinigten Staaten gelegt. Der elektrotechnische Bedarf erstreckt sich auf Maschinen für elektrische Antriebe, elektrische Lichtanlagen. elektrische Straßenbahnen, für den Ausbau der Netze und die Entwicklung der Industrie.

Japan wird gute, moderne Maschinen gebrauchen und „Patente". Die Patentrechte werden sich die Werke aus dem Westen zu holen suchen und haben auch bereits solche erworben. Als zweite Form wird die Gründung von amerikanischen und britischen Werken in Japan beabsichtigt, die in Gemeinschaft mit japanischen Werken betrieben werden sollen. In China aber, das bald das größte Absatzgebiet der Welt sein wird, steht Amerika-England, ein gut gerüsteter Gegner gegenüber, dessen Stärke in dem Zusammenarbeiten von Regierung, Banken und Industrie und in niedrig bezahlten Arbeitskräften liegt. England hat auch bereits die Absicht, in Hongkong große Stahlwerke anzulegen, um auf diesem einzig möglichem Wege dem japanischen Wettbewerb mit Erfolg entgegentreten zu können.

Die industrielle Entwicklung Japans wird für die Ausfuhr nur die Industriezweige entwickeln, die auf der Grundlage der Landesrohstoffe und seiner Kolonien stehen können. Bei den anderen Industrien wird die Herstellung für die Erfordernisse des eigenen Marktes beschränkt bleiben.

Auch für den japanischen Wettbewerb auf dem Weltmarkt wird es aber darauf ankommen, ob die Arbeiterschaft nach der kapitalistischen Betriebsweise weiterarbeiten, oder ob sie an die Entwurzelung dieses Systems herangehen wird.

Die Lage des deutschen Absatzes nach Japan ist durch den Friedensvertrag noch bedeutend schwieriger. Ganz abgesehen davon, daß in absehbarer Zeit Waren nach Japan nicht geliefert werden können, kann das gesamte in Japan befindliche Vermögen des deutschen Kaufmanns jederzeit konfisziert werden.

Das Ziel Japans aber ist, den früheren deutschen Handel in Niederländisch-Indien, Siam und China auch durch Verkauf deutscher Waren, die sie mit ihrer Flotte befördern werden, zu erhalten. Für Japan selbst kann die deutsche Industrie alle Webmaschinen mit Kraftantrieb im Wettbewerb mit Amerika-England liefern. Nach diesen Ländern sind bereits bedeutende Aufträge an elektrischen Maschinen gegangen.

Seitens der japanischen Regierung erfährt auch die Industrie eine kräftige Förderung. Die Regierung hat in Tokio eine russisch-japanische Bank gegründet, welche die Entwicklung des Handels mit Rußland zu pflegen hat. Die Gründung wurde von dem Verband zur Förderung des Handels mit Rußland betrieben, zu dessen Mitgliedern die großen industriellen Unternehmungen gehören. Die in Brasilien gegründete Bank ist bereits erwähnt. Steuerfreiheit für bestimmte Industriezweige, Bewilligung von Regierungsunterstützungen für die Entwicklung der Industrie, ein sorgfältig ausgearbeitetes Prämiensystem für den Außenhandel, Gründung auswärtiger Nachrichtenstellen und unmittelbarer Handelskommissarstellen zeigen das Zusammenarbeiten von Regierung, Industrie und Handel. Die Steuern sind seit dem Kriege nicht wesentlich gestiegen und die Kriegsgewinnsteuer war so klein, daß die Lasten nicht schwerer sind, als vor dem Kriege. Eine nationale Flotte aber fährt die japanischen Waren bereits nach Niederländisch-Indien, Britisch-Borneo, Siam,

Mexiko, Chile, Brasilien und Peru und geplant sind regelmäßige Linien nach Yokohama, Konstantinopel, Odessa, Marseille, London, Hamburg, Riga und zurück.

China.

England trifft alle Vorbereitungen, wirtschaftlich und politisch über Indien und Tibet in China vorzurücken, während Japan von Nordosten einrückt. Für die Verbindung mit Indien sind Eisenbahnpläne vom Mittelmeer zum Persischen Golf in Vorbereitung, die handelspolitische und große strategische Bedeutung haben.

England hat in China Handelskammern errichtet. Diese vertreten den britischen Handel in folgenden Häfen: Hongkong, Tientsin, Hankow, Peking, Tschungking, Tschangscha, Tschifu, Charbin, Mukden, Niuschwang, Tsinanfu, Futschou, Amoy, Swatau und Kanton. In den Zusammenkünften werden Erfahrungen ausgetauscht und Richtlinien für die Zukunft aufgestellt.

Die Entwickelung scheint aber für England nicht günstig zu liegen, das auch bereits innerhalb des asiatischen Kontinents als der Unruhestifter gilt. England macht bedeutende Anstrengungen.

Die englischen Häuser übernehmen den Vertrieb amerikanischer Ware, die mit kürzerer Lieferfrist und angemessenen Preisen eintrifft. Vielleicht ist es ein Zeichen dafür, daß sie ihre Häuser durch die Aufnahme von Waren nichtbritischen Ursprungs aufrecht erhalten müssen.

Englische Erziehungsanstalten für Chinesen werden unterstützt und die Ausbildung geeigneter Schüler in England selbst vorgenommen.

Die Entwickelung des englischen Nachrichtendienstes wird betrieben und der wirtschaftliche Dienst verstärkt. Die wichtigen Handelszentren erhalten ständige Beamte.

Die Vorbereitungen der amerikanischen Industrie und Finanz, um sich in diesem Gebiete einen hervorragenden Platz zu sichern, sind bereits erwähnt.

Die nachstehende Tabelle gibt einen Überblick über die Ein- und Ausfuhr zwischen China und Amerika:

	Einfuhr der Vereinigten Staaten nach China	Ausfuhr der Vereinigten Staaten aus China
	(in Mill. Taels)	
1913	35,43	37,65
1914	41,23	40,21
1915	37,04	50,58
1916	53,82	72,08
1917	60,96	94,78
1918	58,68	77,13

Aus den Einfuhrziffern nach China ist zu ersehen, daß der Wert der Gesamteinfuhr von 1914—1918 sich wenig geändert hat. Wird berücksichtigt, daß eine Einfuhr aus Deutschland und Österreich-Ungarn fehlte, so bleibt nur der Schluß übrig, daß Japan den Hauptteil der Einfuhr aus Europa erhalten hat. Die ansehnliche Handelsflotte, die Handlungsfreiheit der Industrie und die geschaffenen Kredite durch ein Konsortium amerikanischer Finanzkreise wird hier bald andere Zahlen schaffen.

Auch China schließt seine Handelsbeziehungen stärker an Amerika an.

Bei der Lieferung elektrischer Waren ist für die Fabrikation zu beachten, daß in den Küstenländern das Klima feucht und warm ist.

Die eigene Fabrikation elektrotechnischer Artikel ist in China ohne Bedeutung.

Neuerdings ist unter dem Namen Chinese Electric Co. mit japanischem, chinesischem und amerikanischem Kapital eine Gesellschaft mit dem Hauptsitz in Peking und einer Zweigniederlassung in Schanghai gegründet worden, welche die Anlage und die Apparate für Telephone, Telegraphen und elektrische Beleuchtung herstellen wird. Der führende Teilhaber ist die „Western Electric Co." der Vereinigten Staaten.

Der Vertrag für den Ausbau der Telephonlinie zwischen Peking und Schanghai und die Linie Peking—Tientsin ist mit der China Elektric Co. abgeschlossen. Der Vertrag für eine Linie zwischen Schanghai und Nanking soll abgeschlossen werden. Das Material für diese Linien muß auf Grund der Verträge zwischen der staatlichen Telephonverwaltung und Japan in Japan gekauft werden. Den Bau selbst führt die China Elektric Co. durch.

Die China Elektric Co. hat weitere große Pläne in Peking, Tientsin, Soochow und anderen Plätzen in der Gegend von Schanghai in Vorbereitung, außerhalb der französischen Konzessionsgebiete.

Die Stromanforderung durch die industriellen Neuanlagen in der Umgebung von Schanghai wird voraussichtlich derartig sein, daß Erweiterungen der Kraftanlagen bis zu 100000 kW Leistung notwendig sein werden.

Das dringendste Erfordernis ist der Ausbau der chinesischen Eisenbahn, die zurzeit etwa 6800 englische Meilen Länge besitzt. Der Ausbau soll nach amerikanischem Muster und mit amerikanischem Material vorgenommen werden. Landwirtschaftliche Maschinen, Maschinenausrüstungen für Bergbau, Elektrizitäts- und Wasserwerke usw. sind dann zu nennen.

Besonders für elektrische Lichtanlagen ist bei dem großen Lichtbedürfnis der Chinesen viel zu erwarten, sofern Leitungsdrähte verwandt werden, die keine ständigen Ausbesserungsarbeiten nötig machen, worin die japanischen elektrotechnischen Lieferungen ziemlich versagt haben. Für China ist besonders zu beachten, daß Ausländer keine Geschäfte unter eigenem Namen machen können. Ihr Kapital kann nur in Form von Anleihen in chinesischen Gesellschaften arbeiten.

In China befinden sich die elektrotechnischen Unternehmungen hauptsächlich in den größeren Städten und den Freihäfen. Das Land besitzt etwa 87 Elektrizitätswerke, davon 25 in der Mandschurei, 84 sind Stromerzeuger und drei Firmen betreiben elektrische Installationen und die Fabrikation von Bedarfsartikeln für elektrische Anlagen.

Von diesen 87 Elektrizitätswerken sind 6 Regierungsbetriebe, 53 chinesische Privatunternehmungen und 28 gehören ausländischen Gesellschaften, an denen Japan stark interessiert ist. Nur 41 sind rein chinesische Unternehmungen.

Elektrische Straßenbahnen gibt es nur in Schanghai, Hongkong und Tientsin. Die südmandschurische Eisenbahngesellschaft betreibt elektrische Straßenbahnen in Dairen und Foetsjoen, und besitzt allein in der Mandschurei derartige Anlagen.

Eine große Zahl von elektrischen Kraftwerken war während des Krieges nicht in der Lage, ihre Anlagen dem wachsenden Bedarf entsprechend auszubauen. Anträge auf neue Anschlüsse wurden in großem Umfange zurückgewiesen. Die Gesamtleistung aller in China vorhandenen Elektromotore wird auf 70000 kW geschätzt.

Die Gesamtzahl der elektrischen Unternehmungen in China beträgt jetzt 168, darunter befinden sich 49 unter ausländischer Leitung. Das wichtigste hiervon ist die British Tramway Co. Die übrigen sind Licht- und Kraftanlagen, darunter 18 chinesische, 3 englische und 1 portugiesisches. Die Hauptkraftquellen sind Gas und Öl; Dampfkraft wird nur von 2 Anlagen verwendet; Wasserkraft wird nur in 4 Anlagen mit je 1000 kW Leistung verwertet.

In der Provinz Kiangsu liegen 22 elektrotechnische Unternehmungen, 20 Licht- und Kraftanlagen und 2 Straßenbahngesellschaften. Eine dieser Gesellschaften ist in französischem Besitz. Die übrigen sind fast alle chinesisch, nur 2 englisch. Die Gesamtzahl der erzeugten Kilowatt beträgt ungefähr 27000; als Kraftquelle dient allgemein Dampf.

In der Provinz Schengking herrscht der japanische Einfluß vor. Es gibt dort 13 japanische Elektrizitätsunternehmungen, welche 20000 kW liefern, die fast ausschließlich von japanischen Industrieanlagen verbraucht werden.

Die Entwicklung in Schantung ist sehr zurückgeblieben. Es gibt dort keinerlei Straßenbahnen und überhaupt nur 4 unter chinesischem Einfluß stehende elektrische Unternehmungen. Der ausländische Einfluß beschränkt sich auf die japanischen Behörden. Insgesamt werden nicht mehr als 5000 kW erzeugt. Die größte Anlage ist das Kraftwerk in Tsingtau, in welchem durch Dampfmaschinen 2500 kW erzeugt werden. Nun hat die Stadtverwaltung von Schanghai bei der General Electric Co. einen Drehstrom-Turbosatz von 18000 kW in Auftrag gegeben. Das Kraftwerk Schanghai wird in der Weise ausgebaut, daß seine Leistung im Jahre 1924 100000 kW beträgt.

Der gesamte Telegraphendienst, der seit 1908 staatlich ist, befindet sich in ausländischen Händen. Die Länge der Telegraphenlinien betrug Ende 1913 rund 60000 km. Die Unterseekabel, der Fernsprechdienst, ist staatlich und privat. Er ist ausschließlich mit fremden Kapital eingerichtet und die Verwaltung in Händen des Auslandes.

In Fernmeldeanlagen hat Amerika dem Wettbewerb der billigen japanischen Waren standhalten können, trotz der Kosten für Versicherung und Fracht.

Vor dem Kriege stand Deutschland an erster, England an zweiter und Japan an dritter Stelle. Bereits im Kriege rückten Japan und die Vereinigten Staaten an die erste Stelle ein.

Die Einfuhr elektrotechnischer Erzeugnisse der verschiedenen Länder nach China im Jahre 1913—1918 zeigt die Tabelle, wo für 1918 besonders Rußland auffallend ist.

Mit geringeren Beträgen sind außerdem Frankreich und Italien an der Einfuhr beteiligt.

Ausfuhrland	1913	1914	1915	1916	1917	1918
	Wert in Taels			v. H.	v. H.	v. H.
Japan	392 749	688 140	845 053	27,4	32,3	38,7
Hongkong . . .	173 980	243 976	259 602	27,3	27,1	26,8
Ver. Staaten . .	179 179	134 733	285 010	12,6	15,3	13,5
England . . .	596 472	735 870	403 851	10,6	7,7	7,2
Rußland . . .	—	—	—	9,2	6,0	2,0
Britisch-Indien .	—	—	—	3,9	3,4	1,3
Frankreich . .	—	—	—	3,0	2,7	3,8
Deutschland . .	845 422	735 884	1 412	—	—	—
Andere Länder .	148 873	185 181	281 683	—	—	—

In China ist die früher übliche Belastung durch einen mehrfachen Zwischenhandel nicht mehr möglich. Das Individualgeschäft kann aber noch nicht verlassen werden, da keine korporativen Verbände vorhanden sind. Die amerikanischen Firmen, die zahlreiche Niederlassungen im Lande eröffnen, treten auch ohne Zwischenhändler unmittelbar mit dem chinesischen Verkäufer in Verkehr. Dasselbe tut England und Japan. Auch China eröffnet Zweigniederlassungen für den unmittelbaren Einkauf in Amerika und Großbritannien. Für China gilt der Grundsatz der gleichartigen Behandlung aller Länder, den Amerika für sich durchsetzen wird. Deutschland würde auf dem Gebiete der elektrotechnischen Industrie in erfolgreichen Wettbewerb treten können.

Durch die Regierungsverordnung vom 9. 12. 1919 ist aber das Eigentum deutscher Staatsangehöriger in China gemäß den Bestimmungen des Friedensvertrages zur Deckung von Forderungen britischer Staatsangehöriger heranziehbar, wobei britische Staatsangehörige, die in China ihren Wohnsitz und ein Geschäft haben, bevorzugt sind.

Bestrebungen zur Wiederaufnahme des Handels mit Deutschland sind vorhanden, die wahrscheinlich durch Vermittelung holländischer Firmen durchführbar sind.

In dem Wettkampf der Industrie-Großmächte wird der asiatische Kontinent der wichtigste Platz sein. Ein klar erkennbares Moment in diesem Kampfe ist bereits der Gegensatz der japanischen und amerikanischen Interessen.

Indien.

Indien ist für die Elektroindustrie der Rohstofflieferant von Jute, Baumwolle, Gummi und Erzen.

Japan wird nach diesem Rohstoffgebiet drängen als wirtschaftliche und politische Großmacht im Osten.

Der indische Bergbau erstreckt sich auf Kohlenförderung und den Abbau von Gold, Chromeisenstein, Manganerzen und anderem.

Die Kohlenförderung in Indien ist 1917 bis 18 Mill. t, 1918 $20^3/_4$ Mill. t.

Die Kohlenlager in Indien sind nur beschränkt und ihre Qualität verhältnismäßig gering. Die Nachbarländer besitzen gleichfalls keine Lager, die den Bedarf des Landes decken könnten, Die jährliche Förderung beträgt etwa 20 Mill. t und wird an die Industrie abgesetzt. Die Kohlenpreise werden sicherlich stark steigen und können damit die Aussichten für die Eisenindustrie verschlechtern.

Die drei Hauptstahlwerke sind:

Die **Bengal Iron Steel Co.** mit einer Jahresleistung von Gußeisen . . . . 120000 t

Die **Tata Iron Steel Co.** mit einer Jahresleistung von 200000 „ und Walzeisen und Schienen . . . . 120000 „

Die **India Iron and Steel Co.**

Die gesamte Eisenerzförderung ist

1917 . . . . 410 000 t
1918 . . . . 492 000 „

Von der Manganerzförderung geht der größte Teil nach Großbritannien. Er betrug

1918 . . . . 440 000 t
1919 . . . . 391 000 „

Die Aussichten der indischen Eisen- und Stahlindustrie sind gut. Die Tata-Eisen- und Stahlwerke in Sackchi haben sich außerordentlich entwickelt. Eine Anzahl Hochöfen, Siemens-Martinöfen, Blechwalzwerke, Träger- und Schienenwalzwerke, Barrenwalzwerke und

chemische Fabriken sind errichtet. Die Indien Iron and Steel Company
errichtet einen 350 t Gebläseofen bei Kalkutta, Stahlanlagen, Koks-
öfen, Benzolanlagen usw.

Die Zinnerzeugung belief sich auf 15 600 Zentner. Wolfram
wurde in geringerem Maße gefördert als 1917, nämlich 4431 t.

In Indien soll der Bedarf an elektrischer Kraft durch die Wasserkräfte des Landes möglichst gedeckt werden. Sowohl in Südindien
als in den westlichen Ghats, dem Himalaya und anderen Gebirgen
sind große Wasserkräfte vorhanden, so daß die Möglichkeit für die
Errichtung von Industriebetrieben aller Art vorhanden ist. Große
Teile Indiens haben ununterbrochenen Regenfall von drei Monaten.
In der übrigen Zeit trocknen die Flüsse aus. Geeignete Täler sollen
zu Sammelbecken ausgebaut werden, durch die etwa 100 000 P. S.
zu gewinnen wären. Das Tata-Kraftwerk ist bereits eine derartige
Anlage. Das Andhra-Werk ist seit 1916 im Bau.

Schon vor dem Kriege waren in Indien verschiedene Entwürfe
für großzügige elektrische Anlagen in Erwägung gezogen, deren Aus-
führung nunmehr in Angriff genommen wird. In Madras ist starker
Bedarf nach elektrischer Kraft. Die Zahl der Verbraucher be-
trägt etwa 2000 und der Jahresverbrauch 5 Mill. kWh. Elektrische
Kraft zum Antrieb verwenden bereits 48 industrielle Anlagen. Die
Elektrisierung der wichtigsten öffentlichen Gebäude und öffentlichen
Werkstätten in Madras, die Errichtung eines Kraftwerkes und einer
Ausbildungsstätte für Elektrotechniker sind im Bau oder vollendet.

In Indien wird in nächster Zeit eine starke Industrieentwicklung
einsetzen. Diese wird sich neben dem Ausbau der Wasserkräfte, der
Eisen- und Stahlindustrie auch auf Bergbau und Maschinenfabriken
erstrecken.

Die führenden Gruppen der englischen Elektroindustrie besitzen
festbegründete Zweigniederlassungen in den indischen Hauptstädten
mit einem Ausschuß der British Electrical and Allied Manufacturer's
Association in Kalkutta.

Der Markt für Kabel ist den englischen Unternehmern dank ihrer
vorzüglichen Verkaufseinrichtungen sicher, mit Ausnahme von Leitungen,
die von Japan in stärkerem Umfange eingeführt werden. England wird
wohl hierin den größten Teil des Bedarfs wieder zurückerobern.

Elektrische Maschinen, Motore, Transformatoren müssen völlig
eingeführt werden. Bemerkenswert ist, daß Fabriken für Schaltanlagen entstanden sind und auch die Erzeugung von Porzellan für
elektrotechnische Zwecke in Angriff genommen ist.

Der Wettbewerb der Vereinigten Staaten wird in Indien besonders in elektrischen Maschinen, Bergwerks-Maschinen, Stahlwerks-
anlagen und Werkzeugmaschinen für England fühlbar werden, das
vor dem Kriege kaum nennenswerten Wettbewerb vorfand. Mußte
doch in letzten Jahren ein großer Teil der Aufträge für dringenden
Bedarf in den Vereinigten Staaten untergebracht werden, die Ge-
schäftsverbindungen werden fortdauern. Dies wird in Indien für

England eine Tatsache sein, zumal die amerikanischen Unternehmungen Zweigniederlassungen eröffnet haben. Wie in Mexiko sitzen auch hier bereits amerikanische Ingenieure in der Leitung von einigen der größten indischen Unternehmungen.

Der Wert der amerikanischen Verschiffung nach Indien war 1913 3 Millionen £; 1917/18 7876000 £. Die Hälfte entfiel auf Eisen, Stahl, Maschinen, Motore und Mineralöl, die meist unmittelbar von New York und Boston mit regelmäßigen Dampfern verschifft wurden. Noch 1913 wurden die meisten Käufe in Londoner Büros der indischen Firmen abgeschlossen. Jetzt haben die führenden indischen Firmen in New York eigene Büros eröffnet und ebenso die Amerikaner in Indien. So haben die United States Steel Prod. Export Co., die Verkaufsorganisation der Carnegie Steel Co. und andere amerikanische Stahlfabrikanten Zweigniederlassungen in Kalkutta und Bombay.

Die Grace Brothers Ltd. hat Abteilungen für alle Hauptgruppen des Handels eingerichtet. Ihre Niederlassungen in der ganzen Welt werden ihr einen erheblichen Vorteil gegenüber anderen Firmen sichern. Die Banken arbeiten in großzügiger Weise mit den Unternehmungen.

Die notwendigen Erfahrungen wird Amerika sich schnell aneignen und die Handelsmethode in kurzer Zeit den Anforderungen des indischen Marktes anpassen, da in Indien die Waren durch Reisende und Verkäufer bekannt gemacht werden müssen. Die Häuser sind großzügig in ihren Bedingungen und können in kurzer Zeit liefern. Es besteht kein Zweifel, daß der amerikanische Wettbewerb in Indien von Dauer sein wird.

Die Einfuhr aus Großbritannien nimmt erheblich zu und wird noch stärker zunehmen, sofern Preis und Lieferfrist verkürzt werden können.

Japan wird seine Stellung nicht behaupten können. Seine Einfuhr in Maschinen und elektrotechnischen Artikeln nimmt bereits ab. Ob es imstande sein wird — abgesehen von der Qualität — durch Massenfabrikation diese Differenz einzuholen, muß abgewartet werden Die japanische Ausfuhr nach Indien aber, die früher auf britischen Schiffen ging, kommt jetzt zu 90°/o auf japanischen Schiffen an japanische Firmen an. Deutschland ist für die Dauer von fünf Jahren nach Friedensschluß der Zutritt nach Indien verboten.

Die allgemeine Einfuhrmenge und die Hauptbezugsquellen sind in der nachstehenden Tabelle angegeben:

Jahresdurchschnitt der fünf Vorkriegsjahre	Aus Großbritannien	Aus Deutschland	Aus Belgien	Aus den Vereinigten Staaten	Aus Japan	Aus den übrigen Ländern	Zusammen
	t	t	t	t	t	t	t
1909/10—1913/14 . .	443 400	136 400	117 600	24 500	—	13 400	735 300
1914—1915	421 500	77 300	67 200	31 100	1 900	9 600	608 600
1915—1916	289 400	4 500	7 000	114 700	500	8 500	424 600
1916—1917	176 700	600	300	70 700	2 400	6 500	257 200
1917—1918	76 800	—	—	62 700	3 900	8 600	152 000
1918—1919	76 900	—	—	75 900	15 300	13 300	181 400

In Indochina liegt der elektrische Markt in den Händen der Compagnie des Eaux et Electricité de l'Indochine, die durch ihr Pariser Bureau die Einkäufe von elektrischen Maschinen und Zubehörteilen regeln läßt und praktisch das Monopol für das Land besitzt. Einige große Städte wie Saigon, Choloa, Pnom-Pen, Hanci und Haiphong besitzen elektrische Beleuchtung, in einigen Fabriken und Bergwerken sind elektrische Betriebe eingerichtet. Die Städte Hue und Nam-dinh und zahlreiche kleinere Ortschaften beabsichtigen den Bau von elektrischen Kraftwerken. Die Aussichten für die elektrotechnische Industrie im Lande sind also gut.

Die Richtung der Entwickelung hebt sich deutlich ab. Die amerikanische, englische und japanische Flotte werden den Stillen Ozean befahren. Singapore wird der Schwerpunkt ihrer Schiffahrtslinien sein, der Lage und des Zinn- und Gummimarktes wegen. Holland wird vielleicht die Vermittlerrolle für Mitteleuropa übernehmen. In Indien aber werden sich „die" wirtschaftspolitischen Linien schneiden, deren Schnittpunkt früher Konstantinopel war.

Der wirtschaftliche Umformungsprozeß auf dem europäischen Kontinent.

Der romanische Wirtschaftskörper.

Der wichtigste Staat, Frankreich, hat Kohlenmangel, besitzt aber reichlich Wasserkraft, durch deren Ausbau der Kohlenbedarf verringert würde. Hier wird sich für die Mitwirkung der amerikanischen Industrie ein weites Arbeitsfeld ergeben. Es ist nicht ausgeschlossen, daß bei dem hohen Kreditbedarf der Käufer Amerika neben anderen auch zu dem Mittel greift, Gesellschaften zu gründen, welche der Industrie den Bedarf vermieten.

Für die Verwertung der Wasserkräfte von Valensole an der Isère hat die französische Regierung selbst die Bauarbeiten in Angriff nehmen lassen. Die elektrische Kraft wird ziemlich vollständig nach dem Gebiet von Le Teil geleitet werden. Hier wird eine chemische Fabrik, ein Draht- und Zinkwerk und eine Hütte zur Verarbeitung der Eisenerze aus den Gruben der Gegend errichtet.

Frankreich verfügt über etwa 10 Millionen P. S. Wasserkräfte, von denen erst 2 Mill. nutzbar gemacht worden sind. Ihr völliger Bau würde innerhalb von 20 Jahren möglich sein.

Das Programm für eine Ausnutzung der Wasserkräfte Frankreichs zum elektrischen Betriebe der Bahnen ist veröffentlicht. Der Beweggrund für diese Bestrebungen ist wie überall Ersparnis an Kohlen. Die ausnutzbare Leistung der französischen Wasserkräfte im Departement Dordogne genügen, um das 3100 km umfassende Netz der Paris—Orléans—Bahn elektrisch zu betreiben. Daneben ist die baldige Elektrisierung auf dem 2200 km großen Netz der Paris—

Lyon—Mittelmeerbahn und dem 3200 km-Netz der Südbahn, die bereits begonnen ist, in Aussicht genommen. Ausgebaut werden die .Strecken: In der Nord-Südrichtung die Linien Chateauroux—Montauban, Limoges—Agen, Brive—Toulouse über Capdenac Montlucon—Aurillac—Neumarques; in westöstlicher Richtung die Linie Angoulème—Limoges—Argentat, für den Verkehr von Bordeaux nach Lyon über St. Etienne nebst verschiedenen Seitenstrecken. Die Wasserkräfte am Mont d'or im Massif central würden bei vollem Ausbau dauernd 73 500 kW hergeben, was einer Jahresleistung von etwa 500 Mill. kW entspräche.

Außer der französischen Südbahn und der Paris—Orléans—Bahn werden auch von der Paris—Lyon—Mittelmeerbahn Elektrisierungspläne erwogen, für die die Wasserkräfte der französischen Alpen herangezogen werden.

Von den amerikanischen Truppen sind ausgedehnte Anlagen in Frankreich errichtet worden. Es sind Elektrizitätswerke von zusammen 60 000 kW gebaut, die mit 30 000 Volt ein Leitungsnetz von 220 km speisen. Die Spannung soll auf 65 000 Volt erhöht werden. Eine Anzahl Wasserkräfte sind mit 2000 bis 8000 kW zur unmittelbaren Stromlieferung herangezogen. Schwierigkeiten bestehen in der Kuppelung der Neuanlagen mit den bestehenden französischen Werken. Letztere liefern ausnahmslos Drehstrohm von 50 Per/s mit 3000 und 5000 Volt Spannung, während die amerikanische Anlage mit 25 oder 60 Per/s und einer Verteilungsspannung von 2300 Volt betrieben werden. Für die Isolatoren ist aus Mangel an Porzellan Glas genommen, das bis zu 35 000 Volt benutzt wird und sich bewährt hat. Diese Elektrizitätsanlagen werden die Grundlage zur vollständigen Elektrisierung der französischen Industrie bieten.

Zur Wiederherstellung des wirtschaftlichen Lebens in den Gebieten Nordfrankreichs wird eine Fernleitung von 316 km Länge die Verbindung des Pariser Elektrizitätsnetzes mit den Netzen der Städte und Bergwerke des Nordgebietes herstellen. Diese Leitung wird zur Unterstützung dieser Bezirke und später im Bedarfsfalle zum Ausgleich der verfügbaren Energie dienen.

Die Chambre sindical des usines d'électricité hat bereits für das zerstörte Gebiet ein Projekt zur Errichtung von mehreren Kraftwerken auf einheitlicher Grundlage ausgearbeitet. Als Stromerzeuger werden Einheitsmaschinensätze zur Aufstellung gelangen, von 5000 kW Leistung und Drehstrom von 50 Per/s. Der Gesamtbedarf wird 300 000 kW sein. Dies sind die greifbaren Pläne zur Errichtung von Großkraftwerken. Die deutsche Industrie wird bei der Vergebung und Ausführung der Arbeiten in diesem Gebiete sicherlich auf mancherlei Schwierigkeiten stoßen.

Die Rohstofflage Frankreichs kann durch den Gebietszuwachs, den es erhalten hat, als nicht ungünstig bezeichnet werden.

Die ungeheuren Schätze der französischen Besitzungen wieder können Frankreich für den Bezug seiner Rohstoffe vom Auslande unabhängig machen. Kupfer liefern Französisch-Äquatorialafrika und Indochina, Blei Nordafrika und Neu-Kaledonien, Zink Indochina und Französisch-Äquatorialafrika, Zinn Französisch-Äuqatorialafrika, Wolle Marokko und Senegambien, Baumwolle Madagaskar. Aluminium, Magnesium, Nickel, Stahl und andere Eisenlegierungen braucht Frankreich nicht vom Auslande zu beziehen, sondern es kann diese Metalle noch ausführen. Es gewinnt aber nur 10 bis 12% seines Bedarfs an Kupfer im eigenen Lande. Es strebt daher das einheimische Aluminium anstatt des vom Auslande einzuführenden Kupfers zu verwenden.

Die Tabelle zeigt neben der Weltförderung die französische Produktion dieses Metalls bis 1913:

Jahr	Weltförderung an Aluminium t	Davon Frankreich t	Französ. Preis für 1 kg Fr.
1887	25	—	—
1901	5 000	1 200	2,5
1907	20 000	6 000	4,4
1910	45 000	10 000	—
1913	68 000	18 000	1,5

Durch das Gesetz vom 27. Oktober 1919 ist die Ausfuhr von Bauxit aus Frankreich und auch die Durchfuhr durch Frankreich untersagt.

Rohkupfer wird also einzuführen und daraus in größerem Umfange als bisher Elektrolytkupfer herzustellen sein. Die Preisspannung zwischen Rohkupfer und Elektrolytkupfer beim jetzigen Münzstande New York-Paris ist beträchtlich. Diese Differenz aus dem Reinigungsverfahren des Rohkupfers kann im eigenen Lande bleiben. So sind zwei elektrolytische Kupfer-Raffinerien in Frankreich errichtet, von denen die eine bei Limoges, und die andere in Pauillae liegt. Sie werden jährlich 25000 t Elektrolytkupfer liefern, was bereits einen erheblichen Teil des Verbrauchs Frankreichs ausmacht.

Für Zink errichtet die Société de Pennarroya in den Pyrenäen ein Werk, in dem elektrolytisch auch gemischte Zink- und Bleierze verhüttet werden können, die in großer Menge in Frankreich vorhanden sind, aber bisher fast unbenutzt waren. Die Société des Métaux hat sich der elektrolytischen Herstellung von Zinn angenommen.

In Neu-Kaledonien wiederum wird Ferro-Nickel im elektrischen Ofen hergestellt. Auch die Ausarbeitung eines neuen Verfahrens ist zur Trennung von Eisen und Nickel in Angriff genommen, um in Zukunft reines Nickel aus den Kolonien einzuführen. Da Frankreich über reichliche Wasserkräfte verfügen wird, so werden sich die Wasserkräfte gegenüber der Kohle billiger stellen. Ein Erdrücken durch die an Kohle reichen Länder hat seine Industrie dann nicht mehr zu fürchten.

In Madagaskar sind aus den Graphitlagern geliefert worden:

1913 . . . . 6 572 t
1917 . . . . 27 838 t

Die Holzmenge, die an das Mutterland abgegeben werden kann, wird für 1925 auf 616 000 t geschätzt, und die Öl- und Kautschukmenge zu 272 000 t und 21 600 t.

Auch Frankreich wird, um alle diese Werte unabhängig vom fremden Frachtraum einzuführen, seinen Handelsschiffbau wesentlich erweitern müssen.

Gestützt auf diese Rohstoffquellen könnte Frankreich einen hervorragenden Platz im Welthandel einnehmen. Das wird aber nur möglich sein, wenn das französische Handelsverfahren und die Herstellungsverfahren, das Bankwesen und das Verkehrswesen verbessert werden.

Die Entwicklung der elektrotechnischen Industrie Frankreichs macht die Einfuhr von elektrotechnischen Waren unnötig, gestattet aber die Ausfuhr wesentlich zu erhöhen. Die Ausfuhr wird sich nach dem Orient richten und hier auf den Wettbewerb der Vereinigten Staaten stoßen.

Die Politik Frankreichs, an der Spitze eines slavischen Mitteleuropas zu stehen, zeigt auch bereits ihre Auswirkungen. Die Firma Schneider & Cie. in Le Creusot hat einen großen Anteil bei der Kapitalserhöhung der Skodawerke übernommen. Die Werke sind das größte Hüttenunternehmen der Tschechoslowakei, die früher ihre Erzeugnisse nach allen Ländern Europas ausgeführt haben. Frankreich, das die nötigen Rohstoffe liefert, sichert sich indirekt umfangreiche Aufträge auf Maschinen, Stahl- und Eisenerzeugnisse, die für den Wiederaufbau des zerstörten Gebietes gebraucht werden. Die Bestrebungen in Polen werden noch erwähnt werden.

Die Tabellen geben eine Übersicht vom französischen Außenhandel elektrotechnischer Erzeugnisse für 1913 und 1916 bis 1918 (Ausfuhr +):

Gegenstand	Französische Erzeugung	Einfuhr	Ausfuhr
	Werte in 1000 Franken		
Maschinen	66 000	9 052	4 115
Apparate.	45 000	17 892	14 585
Lampen	20 000	2 623	2 230
Kabel und Leitungen	40 000	1 918	3 421
Akkumulatoren, Trockenzellen und Verschiedenes	21 000	3 110	9 744

Gegenstand	1916		1917		1918	
	dz	1000 Fr.	dz	1000 Fr.	dz	1000 Fr.
Dynamos und Transform.	57 461	26 373	43 622	22 149	40 248	20 395
+	3 389	1 525	6 572	3 286	3 934	1 967
Apparate	10 214	18 772	13 766	34 855	11 177	24 087
+	10 848	13 885	10 972	17 556	4 833	7 733
Glühlampen	1 381	3 192	1 455	5 622	1 142	4 513
+	1 013	1 459	1 005	2 412	859	2 062
Bogenlampen und Teile .	10	10	27	27	80	80
+	90	65	42	32	9	7
Kohlenstifte	7 464	4 478	6 649	3 989	11 057	6 634
+	49 346	26 647	39 515	21 338	39 941	21 568
Isolierte Kabel und Drähte	14 088	16 906	52 006	62 407	22 889	27 467
+	6 720	1 512	3 391	763	1 687	380
Akkumulatoren und Teile	1 573	393	331	99	4 473	1 342
+	3 951	840	3 527	899	7 224	1 842
Trockenbatterien . . .	2 133	853	754	302	468	187
+	339	108	1 025	328	400	128
Porzellanisolatoren usw. .	3 061	826	2 303	652	2 027	574
+	3 288	622	4 905	972	4 285	848

Die Bildung und Einstellung der einzelnen Gruppen für den inneren und äußeren Markt geht vor sich.

Die Einkaufsstelle, „Comptoir Central d'Achats industriels pour les Régions libérées", die den Zweck hat, für und in Frankreich und den Kolonien den Bedarf der Industrie gemeinsam einzukaufen, hat jetzt amtlichen Charakter erhalten. Die „Société Alsacienne et Lorraine d'Electricité", die 1919 gegründet wurde, umschließt die großen Unternehmungen der Elektroindustrie, um die Stromversorgung von Elsaß-Lothringen einheitlich zu regeln.. Es gehören ihr an: die Compagnie Thomson-Houston, die Société Alsacienne de Constructions Méchaniques, die Société des Forces motrices du Haut-Rhin, die Société d'Electricité de Strasbourg, die Kohlengruben von Ronchamp und die Banken von Elsaß-Lothringen.

Weiter hat die französische Thomson-Houston-Gesellschaft mit der General Electric Co. in New York ein Abkommen bis zum 31. Dezember 1982 getroffen, das nicht allein „die Maschinen des Systems Thomson-Houston" umfaßt, sondern

1. die freie Nutznießung aller bestehenden Patente nicht nur der General Electric Co., sondern aller ihrer Filialen oder Schwestergesellschaften;
2. das Recht der freien Abtretung aller künftigen Patente;
3. die ausschließlichen Bau-, Betriebs- und Verkaufsrechte in Frankreich, Spanien, Portugal, Griechenland und französischen

Schutzgebieten. Dieselben, wenn auch nicht ausschließlichen Rechte erhält sie für Rumänien, Serbien, Bulgarien und die Türkei.

Die Gesellschaft hat auch die zweckentsprechende Umgestaltung ihrer Betriebe bereits vorgenommen.

Zur Ausdehnung der französischen Elektroindustrie wiederum ist die „Régie d'Entreprises Industrielles" gegründet worden. Ihr Zweck ist die kommerzielle, industrielle und finanzielle Verwertung von Elektrizität, Wasser und Gas, soweit sie mit der Gewinnung und Verteilung elektrischer Kraft und anderer Kräfte, die mit elektrischen und anderen Anlagen, Transportunternehmungen und mit mechanischen und chemischen Industriezweigen in Zusammenhang stehen. Zu diesem industriellen Trust gehören die Société Centrale des Banques de Provinces, die Société Générale, der Crédit Mobilier, die Banque Russe-Asiatique und die Banque France-Japanaise.

Auch Frankreich hat eine Reihe von Vereinigungen zur Förderung des Außenhandels. Für das Inland ist mit der Festlegung von Wirtschaftsbezirken eine neue Einrichtung geschaffen. In ihnen sind die wirtschaftlichen Verbände für jeden Bezirk zusammengeschlossen, um die wirtschaftlichen Verhältnisse ihres Bezirks zu verbessern.

Der Zweck ist vor allem, die gemeinsame Schwierigkeit der Beschaffung von Rohstoffen zu annehmbaren Preisen einheitlich in die Hand zu nehmen. Die Vereinigung für den Maschinenbau ist unter dem Namen: Union de Consommateurs de Produits métallurgiques gegründet. Die Anteilinhaber kaufen von dieser Gesellschaft die Rohstoffe für ihren eigenen Bedarf, und zwar zu Preisen, welche von Zeit zu Zeit durch den Vorstand festgesetzt werden. An Nichtmitglieder dürfen diese Rohstoffe nicht verkauft werden. Der Überschuß an Rohstoffen kann gegen andere Rohstoffe ausgetauscht oder auf dem offenen Markt verkauft werden. Die Mitglieder erhalten einen Gewinnanteil, der 8 v. H. nicht übersteigen soll.

Eine engere und unmittelbare Fühlungnahme zwischen den einzelnen Außenhandelskammern wird gefordert. Mit ihnen werden die Handelsagenten, die die gleiche Funktion wie die Handelsattachés haben, zusammen zu arbeiten haben.

In Toulouse ist eine französisch-spanische Handelskammer gegründet, um der französischen Industrie die Stellung in Spanien zu verschaffen, die Deutschland besaß. Die Handelskammer wird fünf spanische und fünf französische Zentren umfassen. Der Sitz der Kammern ist gelegt nach Madrid, Barcelona, Valencienne, Malaga, San Sebastian und Paris, Lyon, Marseille, Bordeaux und Toulouse.

Paris erhält ein gemeinsames Nachrichtenbüro, das gleichzeitig zur Vertretung der gemeinsamen Interessen der Außenhandelskammern dienen soll.

Für die Einfuhr aus Deutschland kämen in Frage Quarzlampen und künstliche Höhensonnen. Diese Einfuhr wird aber von seiten der Ärzte Schwierigkeiten haben. Die Westinghouse Co. macht Versuche, Brenner herzustellen. Die Kosten der Brenner allein reichen aber bis an den Preis der deutschen Lampen. Aussicht, in kurzer Zeit einen brauchbaren Quarzbrenner herzustellen, der zu ähnlichen Preisen wie der deutsche verkauft werden könnte, ist wohl nicht vorhanden. In der Röntgentechnik wird die Coolidge-Röhre von Amerika bezogen. Erst in der letzten Zeit werden von der Röhrenfabrik Pilon Versuche gemacht, die Röhren selbst herzustellen. Auch auf diesem Sondergebiete wird Frankreich auf die Einfuhr angewiesen bleiben, und hier kann Deutschland, sowohl was die Preisfeststellung als auch die Type und Leistungsfähigkeit der deutschen Fabrikate anbelangt, in Frage kommen.

Frankreich gebrauchte jährlich etwa 7500 Zünder, von denen 90 v. H. aus Deutschland eingeführt werden mußten. Zurzeit kann die monatliche Erzeugung von Magnetzündern auf 1500 Stück angesetzt werden. Frankreich kann also den gesamten Inlandsbedarf decken und auch zur Ausfuhr von Magnetzündern schreiten.

Im allgemeinen wird Frankreich versuchen, den deutschen Reisenden aus seinem Lande fernzuhalten, um den Wettbewerb zwischen der Landesindustrie und der deutschen im Lande selbst zu vermeiden. Die bis jetzt angebotenen deutschen Waren haben aber bereits gezeigt, daß die Preise und die Güte der Waren zu keinen Beanstandungen Anlaß gibt. Es werden also die französische Volkswirtschaft und die Erzeuger die Lage reiflich prüfen müssen, wenn nicht „Frankreich" und Europa den Schaden tragen sollen. 1913 sind 5200 t elektrotechnischer Erzeugnisse von Deutschland nach Frankreich eingeführt worden.

Spanien.

Reiche Energie- und Rohstofflager sind in Spanien vorhanden. Das wichtigste Kohlengebiet Spaniens ist Asturien, das vor dem Kriege 65 v. H. der spanischen Gesamterzeugung lieferte. Eisen, Kupfer und sonstige Erze sind in Katalonien und den baskischen Provinzen.

In der Provinz Huelva kommt kupferhaltiger Schwefelkies mit 2 bis 3 v. H. Metallgehalt vor, der unmittelbar zur Raffinierung nach England gebracht wird.

Die Firma Rio Tinto, in der englisches Kapital die Herrschaft hat, steht in der Kupfererzeugung an der Spitze Europas. Vor dem Kriege lieferte sie 40 000 t Kupfer.

Wichtig ist auch der Quecksilberbergbau im Süden des Landes.

In Spanien dürfen die Bergwerkskonzessionen auf Brennstoffe nur für 99 Jahre, für übriges Material auf 50 Jahre erteilt werden, wobei eine Verlängerung auf 99 Jahre möglich ist. Gesellschaften, die zur Ausbeutung solcher Konzessionen gegründet werden, müssen ihren Sitz in Spanien haben, in der Direktionsverwaltung dürfen nur Spanier beschäftigt sein und die Mehrheit des Aufsichtsrates muß sich aus Spaniern zusammensetzen.

Zurzeit befinden sich in Spanien folgende Minen in Betrieb:

  1 für Aluminium in der Provinz Cadiz,

10 ,, Quecksilber in Leon und Oviedo (ohne die staatlichen Gruben von Almadon),

  9 ,. Schwefel   ,, Albaceta, Almeria, Murcia und Teruel,

  5 ,, Baryt   ,, Gerona, Tarragnone und Vizcaya,

  1 ,, Wismut   ,, Cordoba,

94 ,, Zink   ,, Almeria, Cuidad, Real, Lerida, Mursia, Oviedo, Santander, Teruel und Vizcaya,

18 ,, Kupfer   ,, Barcelona, Cordoba, Huelva, Murcia, Navarra, Devilla, Zaragoza,

  8 ,, Zinn   ,, Caceres, Murcia, Orense und Pontevedra,

26 ,, Phosphorit ,, Caceres,

503 ,, Eisen   ,, Almeria, Badajoz, Barcelona, Caceres, Gerona, Granada, Guadalajara, Guipuzcoa, Huelva, Jaen, Lerida, Lugo, Malaga, Murcia, Navarra, Oviedo, Santander, Sevilla, Teruel, Vizcaya und Zaragoza,

  8 ,, Mangan   ,, Huelva, Oviedo, und Teruel,

68 ,, Eisenkies ,, Huelva,

  4 ,, Silber   ,, Guadalajara,

307 ,, Blei   ,, Alam, Almeria, Badajoz, Baleares, Caceres, Ciudad, Real, Cordoba, Geroba, Granada, Huelva, Jean, Murcia, Navarra, Santander, Sevilla, Tarragona, Teruel und Vizcaya.

  8 ,, Wolfram   ,, La Coruna, Pontevedra, Salamanca und Zamora.

Die gebirgige Natur liefert diesem Lande ergiebige und gleichbleibende Wasserkräfte für die Anlage elektrischer Kraftwerke. Besonders für Katalonien, das gleichzeitig Hauptindustriegebiet Spaniens ist. Von den reichen Wasserkräften, über die Katalonien verfügt, sind etwa 13 v. H. nutzbar gemacht, 11,5 v. H. sind im Bau und 75 v. H. bleiben für den späteren Ausbau. Ihre Verteilung zeigt die Tabelle:

Gesellschaft	Bereits ausgenutzte P. S.	Im Bau befindliche P. S.	Noch verfügbare P. S.	Gesamt- P. S.
Riegos y Fuerzas del Ebrao . .	96 500	60 000	185 000	341 500
Energia Electrica de Cataluna .	42 000	20 000	145 000	207 000
Cataluna de Gas y Electridad .	12 000	24 000	200 000	236 000
Sociedad Productora de Fuerzas Motrices	—	24 000	40 000	64 000
Andere Gesellschaften	—	—	256 460	256 460
Insgesamt:	150 500	128 000	826 460	1 104 960

Lage und Größe der vorhandenen Wasserkräfte zeigt die Tabelle.

1000 P. S.

Leon und Galicia	70
Asturien	40
Santander	30
Ebro vor Saragossa	65
Pyrenäenabhänge	490
Ebro hinter Saragossa	130
Duero in Spanien	90
Duero a. d. portugiesischen Grenze	150
Nebenflüsse des Duero	50
Tajo	110
Nebenflüsse des Tajo	50
Guadiana	35
Guadalquivir usw.	40
Jucar und Cabriel	90
Abhänge am Mittelländischen Ozean	60
Kleinere Wasserfälle	500
	2000

Eine Reihe von minderwertigen Kohlenlagern können nur abgebaut werden, wenn die Kohle an der Grube selbst verfeuert wird. Diese Felder sollen zur Unterstützung der Wasserkraftwerke herangezogen werden, da die klimatischen Verhältnisse eine ausreichende Stromabgabe der Wasserkraftwerke während des ganzen Jahres nicht zulassen.

Die reichen Wasserkräfte der Pyrenäen werden die Grundlage für die Industriealisierung des Landes bilden. Die Strecke Barcelona—Bilbao—Oviedo—Duero—Tajo—Rio Tinto—Sevilla—Granada—Valencia—Barcelona soll mit Leitungen nach Madrid und den asturischen Kohlenbezirken gebaut werden bei einheitlicher Spannung und Frequenz. Außerdem sind noch eine ganze Reihe von anderen Eisenbahnlinien geplant, die wohl mehr strategischen Zielen dienen. Vigo erhält einen neuen Hafen für die Linie Vigo—New York.

Jede bedeutende Stadt und auch kleine Orte sind mit elektrischem Strom versorgt. Elektrische Kraftanlagen befinden sich in Seros, Tremp, Capdella, Seira, Camarasa und Molinos. Größere Elektrizitätsunternehmungen sind die unter englischem Einfluß stehende Barcelona Traction Light and Power Company, die Energia electrica de Cataluna und die Productora de fuerzas motrices S. A. in Bilbao, die alle zusammen 265 000 P. S. liefern. Die Duerofälle, die bei 27 m Gefälle 350 000 P. S. liefern können, sollen Madrid und Bilbao mit Strom versorgen. Die „Sociedad Electrica industrial" will wiederum den Eisenbahnbetrieb elektrisieren.

Die Zahl der in Spanien bestehenden Elektrizitätswerke beträgt jetzt mehr als 2800, und es werden insgesamt 54,8 Milliarden kW-Stunden jährlich erzeugt. In der Provinz Barcelona liegen etwa 500 Kraftwerke.

5*

Die Zahl der Wasserkraftanlagen betrug

1917 . . . . 170 mit 384 297 P. S.
1918 . . . . 238 „   438 330 „

1918 gab es 85 Wasserkraftanlagen mit einer Leistung von mehr als 800 P. S. und 50 mit einer Leistung zwischen 300—800 P. S. In dem Industriebezirk von Katalonien sind Wasserkräfte von 150 000 P. S. ausgenutzt und Anlagen für weitere 128 000 P. S. im Bau. 1918 wurde mit dem Bau einer Wasserkraftanlage von 15 000 P. S. in Asturien begonnen.

Die Anwendung der Elektrizität zur Erzeugung von Soda und Ammoniumsulfat, in der Kupferraffinerie und in der Verarbeitung des Bauxits von Katalonien ist geplant.

Für den Absatz elektrischer Installationsteile wird amerikanischer und auch japanischer Wettbewerb stark auftreten. Bei der Hausinstallation begnügt man sich in Spanien meist mit der Verlegung von Schnüren auf Isolatoren. Lampenfassungen werden im Lande selbst hergestellt.

Der Absatz für Zähler bietet günstige Aussichten. Da Zähler in Spanien nicht hergestellt werden, so wird das Fabrikat bevorzugt, welches das geringste Gewicht besitzt und den Vorschriften der spanischen Behörden genügt.

Die Lieferung von elektrischen Maschinen, Motoren, Transformatoren und Hochspannungs-Schaltern haben von einheimischem Wettbewerb oder Zollbelastung nichts zu fürchten.

Gute Absatzmöglichkeiten sind auch für Anlaß- und Regelvorrichtungen vorhanden.

Wie schon erwähnt, werden für die angeführten Pläne und für die Einfuhr die Vereinigten Staaten reichen Absatz für ihre Erzeugnisse finden. Wenigstens wird der spanische Markt bereits sehr eingehend von amerikanischen Ingenieuren, Kaufleuten und Banken an Ort und Stelle studiert, und zahlreiche amerikanische Häuser richten Zweigniederlassungen und Vertretungen ein.

Dieses vorzügliche Absatzgebiet hat England vor dem Kriege wenig gepflegt. Die wenigen Firmen, die Fuß zu fassen versuchten, haben nichts erreicht. Der Grund war, daß zu lange Lieferfristen verlangt wurden und daß sie nicht bereit waren, Waren so zu liefern, wie sie verlangt wurden. Die deutschen Firmen scheinen unter den Wirkungen des Krieges nicht gelitten zu haben. Das System, im Lande selbst Fabriken zu gründen oder Gründungen mit deutschem Kapital zu veranlassen, hat dazu geführt, daß die verschiedenen Niederlassungen auch während des Krieges weiterarbeiten konnten.

Der spanische Handel sucht seine Beziehungen nach Südamerika zu erweitern. Der Banco Hispano Americano hat die Zahl seiner Filialen vergrößert. Ein spanisch-amerikanischer Bund soll die wirtschaftlichen und kulturellen Beziehungen zu Latein-Amerika enger knüpfen. Auch mit Kuba wird festere Verbindung gesucht.

Spanien wird voraussichtlich eine größere wirtschaftliche Rolle spielen. Es kann zu einem wichtigen wirtschaftlichen Bundesgenossen Deutschlands werden.

Aber auch die Entwicklung der spanischen Industrie hängt von der Arbeiterfrage ab, die bei der Radikalisierung der spanischen Arbeiter doch mancherlei zu denken gibt.

Schweiz.

Auch für die Schweiz und ihre Industrie ist der Ausbau neuerer Wasserkraftanlagen mit elektrischen Großkraftwerken eine Lebensnotwendigkeit. Der letzte Jahresbericht der Abteilung für Wasserwirtschaft des Schweizerischen Departements des Innern gibt nun eine gute Übersicht über die verschiedenen Pläne für die Nutzbarmachung der Wasserkräfte und den Stand der Wasserkraftanlagen des Landes. Die gesamte in den schweizerischen Gewässern vorhandene nutzbare Leistung betrug für das Jahr 1914 etwa 4 Mill. P. S. bei einer mittleren Betriebszeit der Kraftanlagen von etwa 15 Std. am Tage.

Das Schweizerische Volkswirtschafts-Departement ist ermächtigt, alle Maßnahmen zu treffen, die eine möglichst vollständige und vom volkswirtschaftlichen Standpunkt aus zweckmäßige Ausnutzung der vorhandenen oder neuherzustellenden Wasserkraft-Elektrizitätswerke gewährleisten. Ebenso liegt in seiner Hand die gleichmäßige und genügende Versorgung des Landes mit elektrischer Energie. Die Erzeugung mechanischer Arbeit auf kalorischem Wege ist nur noch mit Bewilligung des Volkswirtschafts-Departements zulässig, mit Ausnahme für den Fahrdienst von Eisenbahn- und Dampfschiffsunternehmungen.

Über den Stand der Kraftwerke gibt die Tabelle Auskunft.

Kraftwerke mit 20 000 P. S. ausgebauter Leistung und darüber, vor Januar 1914 in Betrieb gesetzt.

Kraftwerk	Ausgebaute Leistung P. S.	Bemerkungen
Löntsch . . · . . .	66 000	einschl. Erweiterung.
Biaschina	55 000	desgl.
Chippis (Rhone) . . .	52 200	
Campologno	45 000	
Chippis (Navizenze) . .	32 610	
Augst-Wyhlen.. . .	31 200	schweizerischer Anteil (50 v. H.).
Albulawerk Sils . . .	24 600	
Spiez	22 400	
Martigny-Bourg . .	20 660	
Kandergrund	20 000	

Kraftwerk und Kanton	Gewässer	Leistung P. S.		Bemerkungen
		mindestens	ausgebaut	

Seit Januar 1914 bis Dezember 1918 in Betrieb gesetzt:

Kraftwerk und Kanton	Gewässer	mindestens	ausgebaut	Bemerkungen
Laufenberg, Aargau . .	Rhein	15 000	25 000	schweizerischer Anteil (50 v. H.).
Bramois, Wallis . . .	Borgne	6 800	16 400	
Fully, Wallis	Fully-See	—	12 000	Speicherwerk.
Pont de la Tine, Waadt	Grande-Eau	1 000	3 300	
Olten-Gösgen, Solothurn	Aare	17 000	50 000	bei vollem Ausbau 80 000 P. S.
Blaschina, Tessin . . .	Tessin	3 000	15 000	Erweiterung.

Im Dezember 1918 im Bau befindlich:

Kraftwerk und Kanton	Gewässer	mindestens	ausgebaut	Bemerkungen
Eglisau, Zürich u. Schaffhausen.	Rhein	11 400	38 200	schweizerischer Anteil (91 v. H.).
Amsteg, Uri	Reuß	6 100	80 000	für Bahnbetrieb.
Ritom, Tessin	Foßbach	—	72 000	desgl. Speicherwerk.
Heidseewerk, Graubünden	Heidbach	—	13 000	Speicherwerk.
Mühleberg, Bern . . .	Aare	—	32 000	desgl. bei vollem Ausbau 64 000 P.S.
Broc, Freiburg. . . .	Jogne	—	24 000	Speicherwerk.
Löntsch, Glarus . . .	Löntsch	—	15 000	desgl. Erweiterung.

Die bereits ausgebauten Wasserkraftwerke von 1,5 Mill. P. S. würden für den Betrieb der Schweizer Bahnen und den Bedarf der Industrie an Licht und Kraft genügen. Es würden sogar noch etwa $^1/_2$ Million P. S. für die elektrochemische Industrie zur Verfügung stehen. Der Ausbau aller verfügbaren Wasserkräfte würde die Schweiz instand setzen, elektrische Kraft in größerem Umfange an die Nachbarländer, vor allem Elsaß-Lothringen, abzugeben. Den Ausbau kann die Schweiz mit ihren erfahrenen Ingenieuren durchführen, nur die Rohstoffe müssen eingeführt werden.

Die Elektrisierung der Eisenbahnen, die zu Anfang des Krieges unterbrochen wurde, ist wieder aufgenommen worden.

Für die Einführung des elektrischen Betriebes auf der Gotthardbahn sind im Voranschlag der Bundesbahnen für das Jahr 1918 20 000 000 Fr. vorgesehen. Neben der Gotthardbahn soll die Elektrisierung der Strecken Bern—Scherzlingen und Brieg—Sitten so schnell wie möglich durchgeführt werden.

Der schweizerische Bundesrat hat nachstehende Rentabilitätsrechnung über die Kosten des Umbaues und die Betriebskosten im Vergleich zum Dampfbetrieb aufgestellt mit dem Zweck, die Elektrisierung der Privatbahnen zu unterstützen.

	Normalspur-bahnen	Schmalspur-bahnen, ausschließlich eigentlicher Bergbahnen	Insgesamt
Baulängen rund km	560	460	1 020
Elektrisierungskosten für 1 km in M.	85 050	69 660	—
Insgesamt rund M.	48 000 000	32 400 000	81 000 000
Kohlenverbrauch t	48 000	27 000	75 000
Kosten der Kohle die t M. . .	97	97	—
Insgesamt M.	4 665 600	2 624 400	7 290 000
Energiebedarf, primärer hochge- spannter Wechselstrom rund kWh	26 000 000	18 000 000	44 000 000
Kosten der elektrischen Energie, die kWh Pf.	5	4	—
Insgesamt rund M.	1 300 000	720 000	1 992 600
Minderkosten der Betriebskraft in M.	3 402 000	1 895 400	5 297 400
Mehrausgaben für Zinsen, Tilgung und Erneuerungen in M. . .	3 159 000	2 106 000	5 265 000
Ersparnisse bei Elektrisierung in M.	243 000	210 600 (Mehrkosten)	32 400

Schwierigkeiten macht die Beschaffung der erforderlichen Baustoffe. So müssen Kupferdrähte in den Vereinigten Staaten bestellt
werden, da im Lande der Bedarf wegen der hohen Kosten nicht
hergestellt werden kann.

Der Bedarf der Industrie an Rohstoffen für die Jahre 1913 bis
1915 ist aus der Tabelle ersichtlich.

Einfuhr von Rohstoffen nach der Schweiz.

	1913 t	1914 t	1915 t
Eisen	471 205	349 624	374 941
Kupfer . . .	14 173	9 614	9 930
Blei	7 377	5 058	4 280
Zinn	1 646	1 018	1 404
Nickel . . .	630	387	211
Kautschuk . .	1 545	1 123	1 004

Erhebliche Aufträge für Ausrüstungen von Bahnkraftwerken
und Lokomotiven, sowie Oberleitungs- und Stationsausrüstungen, im
Apparatebau für Stark- und Schwachstrom, werden für die nächsten
Jahre infolge dieser Elektrisierungen zu erwarten sein.

Der Krieg hat auch die schweizerische elektrische Industrie
derart leistungsfähig gemacht, daß sie in der Lage ist, den nationalen Bedarf an elektrischen Fabrikaten in ihren Werken zu decken.

So ist z. B. auf dem Gebiete der elektrischen Beleuchtung während des Krieges zu den früheren mittelschweizerischen Glühlampenfabriken in Goldau, Zug, Birmensdorf und Aarau eine fünfte in Basel hinzugekommen, die Fabrik in Goldau ist stark vergrößert. Die Glühfadenfabrik Aarau hat ihre Fabrikation auf gezogenen Draht für Glühlampen und die Herstellung kleiner Lämpchen ausgedehnt. Der „Vorstand der Schweizer Spezialfabriken der Elektotechnik" weist ausdrücklich darauf hin, daß alle Stark- und Schwachstromapparate, Zähler und Meßinstrumente, Schaltapparate und Schaltuhren, elektrothermische und elektromedizinische Apparate, Beleuchtungskörper, Glühlampen, Installationsmaterial, Kabel und Drähte, Akkumulatoren und Elemente, elektrische Lokomotiven und Maschinensätze für Großkraftwerke im Inlande herstellbar sind und die Schweiz vom Auslande unabhängig ist.

Eine geringe Entwicklung hat dagegen die Industrie für technisches Porzellan. Hier bleibt die Schweiz auf Einfuhr angewiesen.

Sicherlich hat das Land mit dem Ausbau der Großkraftwerke und der Erweiterung der Ortsnetze einen festen Untergrund, so daß es in umfassendem Maße die Fabrikate seiner Industrie wird aufnehmen können. Auf ein Anwendungsgebiet sei noch kurz hingewiesen.

In der Schweiz sind zum Brotbacken bis 200000 t Kohle nötig, die aus dem Auslande kommt. Das Brot soll nun in elektrischen Backöfen gebacken werden, die mit Wasserkraft-Elektrizität geheizt werden, und die billige Nachtkraft auszunützen gestatten. Bis jetzt sind in der Schweiz eine Anzahl Öfen in Betrieb. Auch für Deutschland dürfte in einzelnen Landesteilen die Einführung des elektrischen Backofens in größerem Umfange zu erwägen sein.

Das schweizerische Elektrizitätsgewerbe war besonders in Installationsmaterialien fast ausschließlich von Deutschland abhängig. Diese Bevorzugung des Auslandes hatte seinen Grund in billigen Preisen und rascher Lieferung der neuesten Modelle. Auch fand die schweizerische Industrie bei den Behörden, namentlich der Telegraphen- und Telephonverwaltung, nicht die erforderliche Unterstützung für die Herstellung von Spezialartikeln, wodurch erst deren Export ermöglicht und die betreffende Industrie konkurrenzfähiger gemacht wird. Kleine Preisunterschiede waren für die behördlichen Verwaltungen die Richtschnur bei der Vergebung der Aufträge und die Entwicklung der eigenen Industrie wurde dadurch nicht gefördert. Die Fabrikanten wiederum, die den Wiederverkäufer systematisch auszuschalten bestrebt waren, trieben diesen zum Anschluß an das Ausland. Die Ein- und Ausfuhr hat für das gesamte schweizerische Wirtschaftsleben viel größere Bedeutung, als jene irgendeines anderen Landes, denn die Schweiz lebt vom Veredlungsverkehr. Die Tabellen zeigen den schweizerischen Spezialhandel mit elektrotechnischen Erzeugnissen im Jahre 1916—1917 und erstes Halbjahr 1918 und 1919:

Bezeichnung der Erzeugnisse	Einfuhr		Ausfuhr	
	1916	1917	1916	1917
	Menge in dz		Menge in dz	
1. Dynamoelektrische Maschinen	863	1 929	73 557	61 070
2. Akkumulatoren	296	398	3 457	1 353
3. Elektrische Kontrollapparate und Instrumente	1 194	630	3 345	2 010
4. Nicht genannte Instrumente u. Apparate f. angewandte Elektr.	4 692	2 911	10 762	9 289
5. Fernspr.- u. Telegr.-Apparate	528	211	494	317
6. Bogenlampen	27	42	13	—
7. Glühlampen	2 269	2 939	1 773	2 008
8. Kabel, blank und isoliert; isolierte Drähte	718	215	2 133	916
9. Kupferdraht	28 134	16 383	102	2
10. Porzellanisolatoren	10 052	8 779	296	78
11. Lichtkohlen	981	756	1 591	798
12. Elektroden, nicht montiert .	59 068	76 652	7	—
13. Maschinenteile, roh verarbeitet, das Stück im Gewicht von 500 kg und darüber aus Grauguß, 50 kg und darüber aus schmiedbarem Eisen und Stahl, ferner Kesselteile und Röhren, vorgearbeitet.	39 232	29 598	6 834	7 921
14. Maschinenteile, roh vorgearbeitet, das Stück im Gewicht von weniger als 50 kg aus schmiedbarem Eisen oder Stahl	1 644	2 608	70	20

	Einfuhrgewicht	
	1. Halbjahr 1918 t	1. Halbjahr 1919 t
Kohlen	1 167 961	558 720
Elektrische Lichtkohlen und Elektroden . . .	4 256	2 424
Porzellanisolatoren	478	1 596
Eisen	153 493	93 575
Roheisen	27 077	21 838
Dynamobleche	4 932	5 691
Kupfer	5 951	7 639
Kupferdraht	340	1 360
Kupferkabel	5	128
Blei	1 561	3 391
Zink	1 240	1 522
Zinn	151	981
Telephon- und Telegraphenapparate	10	22
Nickel	113	124
Akkumulatoren	5	51
Elektrische Apparate	10	39

	Ausfuhrgewicht	
	1. Halbjahr 1918 t	1. Halbjahr 1919 t
Kupferkabel	51	20
Elektrische Apparate	11	115
Kalziumkarbid	33 785	23 224
Ferrosilicium und Ferrochrom	7 755	5 470
Dynamomaschinen	3 029	3 258
Akkumulatoren	26	20
Aluminium	4 437	2 927

Der Außenhandel in dynamoelektrischen Maschinen, elektrischen Kontrollapparaten und Instrumenten, Fernsprech- und Telegraphenapparaten hat 1919 an Wert um fast $50^0/_0$ zugenommen. $^6/_7$ der Ausfuhr von Glühlampen und $^1/_8$ der elektrischen Meß- und Zählapparate gingen nach Italien. Holland nahm Dynamomaschinen für 8,8 Mill. Fr., Frankreich für 6,8 Mill. Fr. und Spanien für 3,8 Mill. Bemerkenswert ist die Steigerung des Exportes nach Holland, das 1913 in der Schweiz Dynamomaschinen für nur 0,277 Mill. Fr. kaufte und jetzt unter den Abnehmern an die erste Stelle getreten ist.

Auffallend ist der Rückgang der Aluminiumausfuhr, des wichtigsten Zweiges der schweizerischen Elektroindustrie.

Die Aluminiumerzeugung dürfte 1918 gegen 15000 t betragen haben, wovon 80 v. H. zur Ausfuhr gelangten. Der Inlandverbrauch stellt sich auf 2750 t. Die Ausfuhr in den letzten Jahren ist durch die folgenden Zahlen gegeben:

1913	. . 7490 t		1916	. . 11 370 t
1914	. . 9470 t		1917	. . 11 130 t
1915	. . 9410 t		1918	. . 11 370 t

Auch bei Kalziumkarbid ist ein Rückgang vorhanden.

Die Gesamterzeugung an Kalziumkarbid 1918 wird auf 95000 t geschätzt, von denen 76000 t ausgeführt wurden. Ein Überblick über die Ausfuhr in den letzten Jahren und nach den einzelnen Ländern gibt die folgende Zusammenstellung:

	1913 t	1914 t	1915 t	1916 t	1917 t	1918 t
Gesamtausfuhr . . .	31 790	35 950	55 410	58 010	59 450	75 840
Hiervon nach:						
Deutschland	25 010	29 580	48 630	46 260	37 840	44 210
Frankreich	40	20	10	10 360	17 110	29 870
Österreich-Ungarn . .	—	240	20	40	3 940	—
Bulgarien	—	—	40	300	450	630
Niederlande	2 670	3 400	2 220	20	—	700
Portugal	1 630	1 300	—	—	—	—

Der Inlandbedarf an Karbid betrug 6000 bis 7000 t. Den Bedarf an Ätznatron und Chlor vermögen die einheimischen Fabriken (Monthey, Turgi und Schweizerhalle) nicht zu decken. Der Inlandbedarf an Ferro-Chrom und Ferro-Wolfram wird auf 1500 bis 2000 t veranschlagt.

Die Hauptabsatzgebiete für schweizerische elektrische Maschinen waren Frankreich, Deutschland und Rußland. Der kräftige Ausbau der französischen und spanischen Wasserkräfte steigert die schweizerische Ausfuhr von Dynamomaschinen nach diesen Ländern

nach Frankreich 1913 . . . . . 4,2 Mill. Fr.
1918 . . . . . 8,9 „ „
nach Spanien 1913 . . . . . 2,1 „ „
1918 . . . . . 5,2 „ „

Hier lieferte die Schweiz auch noch die Wasserturbinen

nach Holland 1913 . . . . . 0,28 Mill. Fr.
1918 . . . . . 4,7 „ „

Holland hat die nötigen elektrischen Maschinen aus Deutschland nicht beziehen können. Die schweizerische elektrische Industrie hofft auch, daß die Ausfuhr nach Rußland sich über den Stand 1913 entwickeln wird.

Durch Vergleich ist ersichtlich, daß nur die Industriegroßstaaten Deutschland, England und die Vereinigten Staaten 1913 mehr elektrotechnische Erzeugnisse als die Schweiz auszuführen vermochten. 1913 führte die Schweiz für 30 Mill. Fr. elektrische Maschinen aus, die 67,5 % der Gesamtausfuhr elektrotechnischer Erzeugnisse ausmachten. Die Hauptausfuhr bestand in großen Dynamos, hauptsächlich in Verbindung mit Dampf- und Wasserturbinen. Dieser Industriezweig wird wohl die erste Stelle behalten, da der Bedarf an elektrischen Maschinen mit der Zunahme des Ausbaus der vorhandenen Wasserkräfte und der Elektrisierung der Eisenbahnen in den verschiedenen Ländern zunehmen wird.

Auch die Verbindung mit den ausländischen Industrien ist bereits eingegangen. Die Vickers Ltd. hat mit der America Westinghouse Co. auf dem Wege des Abkommens mit Brown Boveri ihren Einfluß auf die schweizerische Elektroindustrie ausgedehnt. In Frankreich und Italien werden Brown Boveri und Vickers vollständig miteinander verschmolzen. Brown Boveri verfügt über große Werke in Mailand, Lyon und Paris.

Durch diesen Zusammenschluß wird Deutschland praktisch in der Schweiz seine frühere Stellung nicht mehr erhalten. Die Elektrisierung der französischen, italienischen und Schweizer Eisenbahnen wird auch damit nach einem einheitlichen und privatwirtschaftlichem Plane durchgeführt werden.

Zur Sicherung der gewonnenen neuen Absatzgebiete ist durch die Schaffung einer schweizerischen zentralen Exportstelle ein Schritt getan. Sie ist auf Veranlassung der schweizerischen Handelskammer und des schweizerischen Nachweisbureaux für den Bezug und Absatz von Waren in Zürich errichtet. Diese Sicherungen sind aber auch sehr wesentlich. Während des Krieges war der internationale Wettbewerb für Qualitätserzeugnisse auf den fremden Märkten ausgeschaltet, was gerade der Schweiz sehr zugute kam. Jetzt aber steht die Schweiz vor Schwierigkeiten. Sogar Japan ist bestrebt, in der Schweiz einen Absatzmarkt zu suchen. Wenigstens sind japanische Drucksachen in deutscher und französischer Sprache verbreitet. Auch Italien hat seine Werbetätigkeit begonnen.

Der Import kann aber durch die rücksichtslose Ausnützung des Valutaunterschiedes zu einer Überschwemmung des Marktes mit billiger fremder Ware führen. Andererseits kann das Ausland durch hohe Einfuhrzölle den Export der Schweiz stark verkleinern, wenn es ein Interesse daran hat.

Das wirtschaftliche Leben der Schweiz beruht auf dem Willen der Großmächte. Durch die Entziehung bestimmter Ausfuhrbewilligungen kann das wirtschaftliche Leben des Landes völlig lahmgelegt werden. Nun ist die internationale Stellung der Schweiz durch den Kriegsausgang, der die amerikanisch-englisch-französische Herrschaft in Europa herbeigeführt hat, grundlegend verändert. Wirtschaftlich wird sie, die vor dem Kriege wesentlich nach Deutschland orientiert war, — ein Drittel der Schweizer Einfuhr kam 1913 aus Deutschland, ein Viertel der Schweizer Ausfuhr ging im gleichen Jahre nach Deutschland — jetzt viel stärker nach Westen und Süden gerichtet.

Durch den Sieg der Westmächte und die territorialen und wirtschaftlichen Verschiebungen, die er am Oberrhein mit sich bringt, wird die Schweiz in den Bannkreis Frankreichs gezogen.

Der Orient und die neuen Staaten werden ihr offen sein, wenn die Schweiz in fester wirtschaftlicher Gemeinschaft mit England, Frankreich und Amerika steht. Sie ist aber auch für ihre wichtigsten Bedarfsartikel von den Ententestaaten abhängig und wird den Ententebemühungen, die Schweizer Wirtschaftsbeziehungen zu Deutschland möglichst zu erschweren, nicht viel Widerstand leisten können. Aus diesen Gründen konnte die Schweiz dem Völkerbund einfach nicht fernbleiben.

Italien.

Die Überführung der Wasserkräfte in Elektrizität ist in Italien eine der ersten und dringendsten Aufgaben. Nur sie kann dem Lande, das ohne Kohlenbergwerke ist, die ständige und billige Triebkraft für Verkehr und Industrie liefern. Italien verfügt über 5,5 Mill. P. S. Wasserkräfte, wovon 3,5 Mill. P. S. noch ausnutzbar sind, 1 Mill. P. S. sind in der Eisenbahn und Industrie verwertet.

Ohne intensiven Ausbau der Wasserkräfte ist die Entwicklung der Industrie Italiens unmöglich. Sein Wirtschaftsleben kann durch ein Kohlenausfuhrverbot anderer Staaten zum sofortigen Stillstand gebracht werden, sofern die Umformung in elektrische Energie mittels Dampf vor sich geht.

Italien führt rund 10 Mill. t. Kohlen jährlich ein. Von diesen werden 2,5 Mill. für die Bahnen, 1,7 Mill. für die Schiffahrt, 1,2 Mill. für die Verarbeitung des Eisens, 3,3 Mill. für verschiedene Industrien und 1,8 Mill. t für die Gasbereitung und im Haushalt verbraucht. Neben der ausgebauten ersten Million P.S.Wasserkraft würde eine weitere Million P. S. bei alljährlich steigendem Kraftbedarf für die Industrie die Kohleneinfuhr auf die Hälfte der sonst nötigen Menge vermindern. Nutzen vom Ausbau der Wasserkräfte würde die metallurgische Industrie erhalten, die an die Verhüttung ärmerer Eisen- und Zinkerze gehen könnte, die sich in Italien finden und heute der hohen Kohlenpreise halber liegen bleiben. Die Eisenerzvorräte Italiens können für die einzelnen Bezirke ihres Vorkommens etwa in der Höhe angesetzt werden.

Traverselle	1 000 000 t
Cogne	5 000 000 ,,
Mittel-Italien	2 000 000 ,,
Sardinien	6 000 000 ,,
Das Tal von Brembana	200 000 ,,
	14 200 000 t

In Val di Cogne hat bereits die Firma Ansaldo Elektrostahlöfen errichtet und den Abbau aufgenommen. Ein Schluß kann aus diesen Zahlen gezogen werden. Wird vorausgesetzt, daß Italien jährlich etwa 700 000 t Erz verhüttet, so würde das gesamte Erzvorkommen in einigen Jahren erschöpft sein, und es würde schließlich der Abbau der Erzlager in Angriff zu nehmen sein, die sich an der Insel Elba unter dem Meere hinziehen.

Die Ausdehnung, welche die italienische Hüttenindustrie während des Krieges genommen hat, ist aus den in ihr angelegten neuen Kapitalien ersichtlich. Der gesamte Kapitalzuwachs seit Juli 1914 beträgt ungefähr 1,1 Milliarden Lire, die sich auf die einzelnen Jahre folgendermaßen verteilt hat:

1914/15 (Neutralität) Zuwachs	0,2	Mill. Lire
1915/16 (1. Kriegsjahr) ,, ...	11,8	,, ,,
1916/17 (2. ,,) ,, ...	139,7	,, ,,
1917/18 (3. ,,) ,, ...	281,6	,, .,
1918/19 (4. ,, und Waffenstillstand)	661,1	,, ,,
Zuwachs:	1094,9	,, ,,

Die Landwirtschaft würde durch die Elektrisierung leistungsfähiger, da die Staubecken neben der Versorgung der Werke auch der landwirtschaftlichen Bewässerung dienen können. Ein Teil der Werke könnte für die Erzeugung von künstlichem Dünger nutzbar gemacht werden, der dann der intensiveren Ausnützung des Bodens zuzuführen wäre. Das Kapital für den Ausbau der zweiten Million P. S. müßte das Ausland liefern. Neben der Kohlenersparnis würde die gesteigerte Inlandserzeugung an Eisen, Gußeisen, Zink und Getreide nach Abzug der Kapitalzinsen einen Überschuß zugunsten der italienischen Zahlungsbilanz ergeben können.

Der Ausbau und die Ausbeutung der zahlreichen Wasserkraftwerke stand stark unter deutschem Einfluß. Im Jahre 1914 betrug das in der italienischen Elektrizitätsindustrie angelegte Kapital mehr als eine Milliarde Lire. Davon entfielen auf 154 Krafterzeugungs- und -verteilungsunternehmungen 922 Mill. Lire. Italienisches Kapital von örtlichen Behörden und Privatleuten war mit 433 Mill. beteiligt, von Banken 78 Mill. deutsches Kapital 135 Mill., schweizerisches 182 Mill., belgisches 77 Mill., französisches und englisches Kapital 16 Mill. Lire. Das deutsche Kapital stammt von den Banken und Gesellschaften des Siemens-Schuckert- und A. E. G.-Konzerns. Das schweizerische Kapital von der schweizerischen Gesellschaft für elektrische Unternehmungen in Basel, der Elektrobank in Zürich und der Badener Gruppe „Motor", Brown Boveri usw. Zwischen den schweizerischen Banken besteht Gemeinsamkeit im Ziele und Vorgehen.

In nächster Zeit wird Italien elektrische Vollbahnen von mehr als 1500 km Streckenlänge haben, die zum größten Teil mit Drehstrom von 3000 bis 3300 Volt Fahrdrahtspannung und 15 bis$16^2/_3$ Per/sek Frequenz betrieben werden. Nur einige kürzere Strecken sind und werden noch für Gleichstrombetrieb mit 650 Volt eingerichtet. Die Elektrisierung ließe sich auf etwa 12 000 km der Hauptbahnen ausdehnen.

Bis Ende 1914 waren folgende Strecken in regelmäßigem elektrischen Betrieb:

Varesina	73 km	Gleichstrom
Valtelina	106 „	Drehstrom
Mailand-Lecco	38 „	„
Giovi	47 „	„
Mt. Cenis	62 „	„
Geva	45 „	„
Simplon	22 „	„
Zusammen:	393 km	

Eine weitere Gruppe bilden folgende Strecken, auf denen die Vorarbeiten bereits begonnen oder erledigt sind.

Gallarate—Arona	26 km
Gallarate—Laveno	32 „
Usmate—Bergama	25 „
Ventimiglia—Cuneo	93 „
Genua—Turchino—Ovada	43 „
Pistoia—Bagni della Poretta	40 „
Rom—Avezzano—Castellamare Adriatico	240 „
Neapel—Foggia	198 „
Rom—Cassino—Neapel	249 „
Neapel—Salerno	54 „
Torre Annunciata—Castellamara	8 „
Zusammen:	1010 km

Zur Ausdehnung der Elektrisierung der italienischen Staatsbahnen ist ein amerikanisch-italienisches Syndikat gegründet worden, ohne Einfluß auf den Betrieb. Das Kapital von 300 Mill. Lire ist zur Hälfte von amerikanischen Banken aufgebracht. Ein großer Teil der elektrischen und mechanischen Betriebsmittel wird von den amerikanischen Werken geliefert werden.

Von der italienischen Westinghouse-Gesellschaft sind außer der fünfachsigen Gebirgs-Güterzuglokomotive Schnell- und Personenzuglokomotiven für alle Vollbahnlinien gebaut worden, von denen bereits eine größere Zahl im Betriebe ist.

Die Forderung nach Schaffung einer italienischen Elektroindustrie findet namentlich von seiten der stromliefernden Werke die größte Unterstützung. Die Mitglieder des italienischen elektrotechnischen Verbandes sind zur Einsendung von Mustern der verwendeten Installationsmaterialien unter Angabe der Gründe, die für Wahl des betreffenden Fabrikats ausschlaggebend waren, und um Mitteilung des ungefähren normalen mittleren Jahresbedarfs aufgefordert worden.

Ein Syndikat der Hersteller ist errichtet, um Verbesserungen in den Herstellungsmethoden, Verringerung der Verkaufsspesen und günstigere Rohmaterialpreise für den durchzuführenden gemeinsamen Einkauf durchzusetzen. Formen für die Ausführung des elektrischen Materials sind gegeben und in allen, dem elektrischen Verbande angehörenden Zweigvereinen sind ständige Mustersammlungen, vor allem elektrischen Installationsmaterials eingerichtet. Der Verband wird ein Verzeichnis der hauptsächlichsten inländischen Fabrikanten von elektrischen Materialien herausgeben und weitgehend verbreiten und unter allen möglichen Formen für die Bevorzugung der elektrotechnischen Erzeugnisse der einheimischen Industrie eintreten.

Die unter Führung Marconis und der Banco di Sconto mit einem Kapital von 10 Mill. Lire gegründete „Società Nazionale" für elektrische Unternehmungen dürfte der italienischen Elektroindustrie für ihre Bestrebungen die nötige Unterstützung geben. Der Ausbau einer italienischen Fernsprechindustrie wird von T. Bormida und G. Magagnini betrieben. Nach Beseitigung des behördlichen Verordnungs- und Konzessionswesens und Neuordnung der Beitragsverpflichtungen muß auch die Zahl der staatlichen wie der privaten Fernsprechstellen rasch anwachsen und damit die Grundlage für die Existenz einer nationalen Fernsprechindustrie geben.

Die Größe und Wichtigkeit dieser Fragen für die italienische Nationalwirtschaft hat auch bereits zu einer Reihe von industriellen und elektrischen Fachverbandsgründungen geführt, von denen die Innen- und Außenaufgaben, die in nächster Zeit für die elektrotechnische Industrie in den Vordergrund treten werden, mit Vorschlägen bearbeitet werden.

1915 wurde in Mailand die Società Nazionale per Imprese Electriche gegründet, die unter Mitwirkung von Franco Toci, Pirelli, der

Banco Commerciale Italiana, der Società Edison u. a. arbeitet. Sie übernimmt die Interessen der Continentalen Gesellschaft für elektrische Unternehmungen in Nürnberg.

In Turin wurde die Società dell'Alluminio italiano zum Betriebe hydroelektrischer, hydrochemischer und metallurgischer Anlagen in Italien, in den Kolonien und im Auslande, insbesondere zur Herstellung von Aluminium, sowie zur Verteilung elektrischer Kraft gegründet.

Das Elektrizitätswerk Dynamo zu Mailand hat seine Verschmelzung mit der Società Force Motrici dell'Anza durch Einverleibung der letzteren unter Beibehaltung des Namens beschlossen und erhöht das Kapital von 10 Mill. um weitere 15 Mill. Lire.

Die Società per lo Sviluppo de le Imprese Electriche in Italia ist mit der Società nazionale per Imprese Electriche mit einem Aktienkapital von 10 Mill. Lire durch Einverleibung der ersteren Gesellschaft mit gleichfalls 10 Mill. Lire Aktienkapital verschmolzen worden.

Die Electricità Alta Italia Soc. an., Turin, erhöhte ihr Aktienkapital um 5 auf 30 Mill. Lire.

In Mailand ist die Società Generale Italiana di Transporti Autoelectrici gegründet worden, deren Aufgabe die Förderung des Ortsverkehrs mittels elektrischer Fahrzeuge besteht.

In Rom die Fabbrica Apparrecchi Telephonici e Materiali Electrici zur Herstellung von Fernsprechern und anderen elektrischen Vorrichtungen.

Ebenso ist eine Società Radio-Telegraphica Italiana in der Gründung begriffen, welche das Land in bezug auf die drahtlose Telegraphie vom Ausland unabhängig machen soll. Das Bankhaus Martini-Bassagni in Mailand steht an der Spitze des Unternehmens.

Die amerikanische Western Electric Italiana, die vornehmlich die Schwachstromindustrie betreibt, erhöhte ihr Kapital auf 2,5 Mill. Lire. Eine neue Telephonfabrik Fontana Gigoli & Co. wurde in Mailand mit 0,2 Mill. Lire gegründet. Auch die Società Ligura Toscana di Electricità, Livorno, hat ihr Kapital auf 60 Mill. Lire erhöht.

Den Fortschritt der italienischen Maschinenindustrie seit 1914 ist durch die folgende Tabelle dargestellt:

Jahr	Zahl der Werke	Kapital in Mill. Lire
1914	97	100
1915	116	180
1916	176	240
1917	347	550
1918	549	900
1919	735	1550

Der Gesamtindustrie soll durch den „National-Technisch-Wissenschaftlichen Ausschuß für Erschließung und Förderung der italienischen Industrie", der einschließlich der elektrotechnischen mehrere Unterabteilungen umfaßt, gefördert werden.

Als Forschungsinstitut und Eichstätte für elektrische Instrumente wird die „Instituto Elettrometrico Italiana" der heimischen Elektroindustrie ähnliche Dienste leisten wie die Physikalisch-Technische Reichsanstalt Berlin, das Bureau of Standards Washington und das National Physikal Laboratory London.

Die Fabrikanten aller Art elektrischen Materials sammeln sich und schaffen eine Organisation, welche Italien für elektrisches Material vom Auslande nach Möglichkeit unabhängig machen soll. Der leitende Grundgedanke in allem ist der, daß stets dem inländischen Erzeugnis der Vorzug zu geben ist, um dadurch dessen Herstellern die Einführung wirtschaftlicher Arbeitsmethoden und Anbringung von Verbesserungen zu ermöglichen. Es sind dies ernste Bestrebungen der leitenden Kreise der italienischen Elektroindustrie.

Die Elektrizitätsindustrie ist auch bereits soweit vorgeschritten, daß Italien einen großen Teil seines elektrotechnischen Bedarfs selbst decken kann. Gleichstrommaschinen und Turbogeneratoren bis zu einer Leistung von 1500 kW, Wechselstrommaschinen bis 15000 kW und einer Spannung von 15000 Volt brauchen gar nicht mehr eingeführt werden. Transformatoren sind bis 12000 kW und 90000 Volt lieferbar. Die Herstellung von elektrischen Waren für den Hausbedarf. deren weitere Ausdehnung vor allem vom Strompreis abhängt, ist in großem Umfang aufgenommen. Der Bedarf von elektrisch angetriebenen Pumpen, Scheinwerfern, Zubehörteilen für Kraftwagen deckt die eigene Industrie, Schaltanlagen, Meßgeräte, Einphasen- und Drehstrom-Kollektor-Motore, Glühlampen bleiben der Einfuhr offen.

Italien hat 1913 von der deutschen Elektroindustrie hauptsächlich Starkstrommaterial, Dynamomaschinen, Motoren, Transformatoren, Umformer, Anker usw., Glühlampen und elektrische Meß- und Registriervorrichtungen übernommen. Natürlich erschöpften sich mit diesen Angaben die materiellen Verbindungen der deutschen Elektroindustrie mit Italien nicht. Die dort bestehenden Filialen, Gründungen und Beteiligungen, die durch Lizenzverträge geschaffenen Beziehungen usw. waren Interessen von Bedeutung.

Die Vereinigten Staaten und England haben Deutschland aus seiner Stellung als Hauptlieferer von Maschinen in Italien verdrängt. 1913 stand Großbritannien an zweiter, die Schweiz an dritter, Frankreich an vierter, Österreich-Ungarn an fünfter und die Vereinigten Staaten an sechster Stelle. 1918 steht Deutschland, das nach Italien mehr Maschinen ausgeführt hatte als alle anderen Staaten zusammen, an letzter Stelle. Die Vereinigten Staaten haben die Führung übernommen, die sie wohl behalten werden. Großbritannien und die Schweiz sind an zweite Stelle getreten.

Die Vereinigten Staaten haben in Rom eine Zweigniederlassung der National City Bank eröffnet und andere amerikanische Bankgruppen in Italien haben bereits Vorschläge für die Elektrisierung der Eisenbahnen in Norditalien unter Ausnutzung der .Wasserkräfte Tirols ausgearbeitet. Sie sind außerdem mit der Gründung italienisch-amerikanischer Gesellschaften für Schiffbau, Hafenbau und Bergbau beschäftigt.

Die Ausnutzung der Wasserkraft Veneziens befindet sich unter der Kontrolle einer Finanzgruppe, die durch die Società Adriatica di Electrocità geführt wird, mit einem Kapital von 60 Mill. Lire. Trentino, Istrien und auch Fiume sollen mit Elektrizität versorgt werden. Der Vertrag zur Belieferung von Triest ist zustande gekommen.

Eine großzügige Reorganisation der italienischen Schwerindustrie aber wird durch die American Federal Reserve Board stattfinden. Die Handelsaussichten werden aber abhängen von der Bewilligung langer Zahlungsfristen, schneller Lieferung und der Anpassung an die Gewohnheit des italienischen Marktes.

Im allgemeinen wird auch auf eine Förderung der Handelsbeziehungen zwischen England und Italien zu rechnen sein. Für den Bau der Großkraftanlagen wird sicherlich englisches, auch französisches und belgisches Geld stärker herangezogen werden. Bei den Stromlieferungsgesellschaften, die insbesondere die Versorgung Sardiniens und Süditaliens durch Wasserkraftausnutzung bezwecken und der Banca Commerciale nahestanden, hat die englische Firma Vickers Ltd. Einfluß genommen.

Aber auch Deutschland und Italien werden in wirtschaftliche Beziehungen zu einander treten.

Italien wird für deutsche elektrotechnische Waren aufnahmefähig sein und zwar besonders für elektrische Glühlampen. In Italien und auch in anderen Ländern wird in den nächsten Jahren die elektrische Beleuchtung, einschließlich der Straßen und Verkehrsbeleuchtung, ausgebaut werden.

England und Frankreich werden ihren Bedarf in stärkerem Maße wieder mehr in Spanien decken, so daß der italienische Ausfuhrhandel sich nach neuen Absatzgebieten wird umsehen müssen. Für diesen Zweck sind auch Exportorganisationen gegründet, die die Gewinnung und den Absatz der Produkte leiten und beaufsichtigen werden. Feste Auslandsagenturen werden die Marktlage zu verfolgen und die wichtigsten Handelsplätze in geregelter Weise mit Ware zu versehen haben. Auch Italien muß seinen nationalen Wirtschaftskörper organisieren, um dem starken Drucke von auswärts standhalten zu können.

Da nunmehr die Grundsätze zur Geltung kommen sollen: Nationale Arbeit der nationalen Industrie, daß bei staatlichen Lieferungen oder bei Verträgen mit Behörden, Verwaltungen und Eisenbahnen nur die nationale Industrie zur Abgabe von Angeboten zugelassen wird, so ergeben sich daraus eine Reihe von Forderungen, die seitens der Industrie an den Staat für seine Innen- und Außenhandelspolitik gestellt werden.

Es muß eine engere Verbindung zwischen Regierung und Fabrikanten bestehen, bei allen gesetzlichen Vorschriften, welche die elektrische Industrie im allgemeinen betreffen, und besonders bei der Ausnutzung öffentlicher Wasserstraßen und der Errichtung von Telegraphen- und Fernsprechanlagen.

Der Staat und die Verbände haben bei den Lieferungen Teilzahlungen zu leisten, damit die Fabriken nicht deren Banken werden und durch das festgelegte Kapital die Entwicklung der Industrie verzögert wird. Die Steuerlast ist zur Hebung der Industrie zu verringern. Die Staatseisenbahntarife müßten herabgesetzt werden, ebenso auch die Tarife der staatlich unterstützten Schiffahrtgesellschaften. Die verringerten Sätze sollen den Exporteuren und Fabrikanten zugute kommen.

Von größerer Wichtigkeit für die Kreise außerhalb Italiens ist die Frage des künftigen Zolltarifs.

Die wirtschaftliche Entwickelung Italiens wird klarer umrissen werden, wenn die neuen Handelsverträge und die neuen Zollsätze definitiv festgesetzt sind.

Es ist die Einführung eines Maximal- und Minimaltarifs in Erwägung gezogen.

Italien besitzt zurzeit 2 Zolltarife, einen vorläufigen, also zeitlich beschränkten, und einen allgemeinen Tarif, der allmählich den Platz aller jetzt bestehenden Bestimmungen gegenüber den Ländern, mit denen die früheren Handelsverträge nicht erneuert werden sollen, einnehmen wird. Eine Stichprobe für elektrische Maschinen zeigt, in welchem Maße er als Schutzzoll gedacht ist:

	Alter Satz	Neuer Satz
	Zollgebühren in Lire	
Elektrische Maschinen	30	50—135

Die Furcht, daß die erweiterten Industrien im Frieden dem ausländischen Wettbewerb nicht gewachsen sein könnten, hat die schutzzöllnerische Richtung sehr gekräftigt. Deswegen wird ein doppelter oder mehrfacher autonomer Zolltarif vorgeschlagen, der also selbstständig ohne Verständigung mit dem Auslande aufzustellen ist. Der vertragsmäßig abgestufte oder gebundene Zolltarif hat sich im allgemeinen als nicht geeignet erwiesen, um den aufgestellten Sätzen eine für die Entwicklung der nationalen Wirtschaftskräfte geeignete Abstufung zu geben. Die Meistbegünstigungsklausel kann aber dem Wirtschaftsleben die nötige Ruhe und Stetigkeit nicht geben. Sie läßt auch nicht die Möglichkeit offen, nachträglich durch besondere Konjunkturen nötig gewordene Änderungen vorzunehmen. Es muß aber die größte Anpassungsfähigkeit an wechselnde Konjunkturen angestrebt werden, da die Lage in der Preisgestaltung, in den Steuerlasten und in den ausländischen Wettbewerbsverhältnissen zurzeit für Italien gar nicht voraus zu bestimmen ist.

So hat auch Italien seine elektroindustriellen Probleme. Es wünscht seine Nationalwirtschaft unabhängig zu machen und seine nationalen Hilfsquellen und Kräfte voll auszunutzen, soweit dies wirtschaftlich praktisch ist, und nur das Ausland in Anspruch zu nehmen, sofern aufs Ausland zurückgegriffen werden muß.

Der germanisch-slavische Wirtschaftskörper.
Die skandinavischen Länder.

Die Wirtschaftsgebiete des Nordens werden für den Wiederaufbau des deutschen Außenhandels eine größere Bedeutung gewinnen, und es sei die Linie derart gestattet, daß dem angelsächsisch-romanischen Block als Ganzes der germanisch-slavische gegenübergestellt wird. Hier ist natürlich Deutschland-Österreich das industrielle Gravitationszentrum. Die skandinavischen Länder sind wie die Schweiz Übergangsländer.

Von den Bodenschätzen *Spitzbergens*, das Norwegen zugesprochen ist, kommt nur die Kohle für den Abbau in Betracht. Die Flöze liegen 100 bis 150 m über dem Meere fast vollkommen wagerecht, so daß die Kohle in einfachem Stollenbau abgebaut werden kann. 1918 wurden bereits 61 500 t verladen (55 000 t Norwegen, 4000 t Schweden, 2500 Rußland).

Die wichtigsten Gesellschaften sind die Store Norske Spitzbergen Kulkompanie, die am Westufer der Adventbucht ein 1,2 m mächtiges Kohlenlager abbaut und 1918 bereits 40 000 t ausgeführt hat. Die norwegische King-Bai-Comp., die am Südufer der Königsbucht 1917 mit der Ausbeutung zweier Kohlenflöze begonnen, 1918 schon etwa 1300 t ausgeführt hat.

Die dritte norwegische Gesellschaft, die Svalbard Kulgruber A.-S., besitzt ein Kohlenfeld an der Adventbucht mit 400 Mill. t, sowie eins beim Grünen Hafen mit 200 Mill. t. Die Jahresförderung soll auf 200 000 t gebracht werden.

Von den schwedischen Gesellschaften besitzt die Spetsbergens Svensk Kolfält A.-B. das Braganza-Kohlenfeld und zwei weitere Felder mit zusammen rund 340 Mill. t und ein weiteres Gebiet an der Billenbucht.

Die englische Northern Exploration Comp. besitzt etwa 13 000 qkm Land. Sie hat die deutsche Interessensphäre übernommen. Spitzbergen ist für Norwegen und Schweden, die keine Kohle besitzen, von großer Bedeutung.

Island.

Island umfaßt 105 000 qkm und ist von 90 000 Menschen bewohnt. Seefischerei und Schafzucht sind die Grundlage für eine bedeutende Ausfuhr, die von eigenen Dampf- und Segelschiffen geladen wird. Schiffslinien führen nach Amerika, Spanien, Italien, England, Norwegen, Schweden und Dänemark. Mit den isländischen Kaufhäusern wird Deutschland die alten Verbindungen wieder anknüpfen können.

Die mächtigen Wasserkräfte liefern die Grundlagen zum Aufbau von Luftstickstoff-Düngewerken, mit deren Hilfe die Landwirtschaft und auch ein großer Ausfuhrhandel ausgebaut werden könnte.

Das Innere mit 400 bis 600 m Höhe über dem Meeresspiegel sammelt die Niederschläge zu mächtigen Strömen, die nach dem Meere fallen. Leider liegen die Wasserfälle von dem nächsten Hafen 50 bis 100 km entfernt, und Eisenbahnen sind nicht vorhanden.

Der Ausbau der Wasserkräfte und die Anlage von Hochspannungsleitungen würde ebenso wie die Anlage von Eisenbahnen keinerlei rechtliche Schwierigkeiten bereiten.

An Erzen sind ausgedehnte Schwefellager vorhanden und Doppelspat.

Zurzeit gibt es nur einige örtliche Werke zur Erzeugung von Licht und Kraft, von denen keines über 100 P. S. leistet. Reykjavik, die Hauptstadt des Landes (15000 Einwohner), soll jetzt ein Kraftwerk für 2000 P. S. erhalten, das unter Ausnutzung der gesamten Wassermenge auf 4000 P. S. gebracht werden kann.

45 km von Reykjavik entfernt sind die Wasserfälle des Sog. In drei Gefällstufen können dort rund 70000 P. S. gewonnen werden. Den Ausbau dieser Kraft will die skandinavische Gesellschaft „Fossafjelag Island" unternehmen, die bereits 1917 der isländischen Althing einen Bauplan unterbreitet hatte, der auch den Bau einer Eisenbahn und die Stromversorgung von Reykjavik vorsah.

Die gewaltigen Wasserkräfte der Thjorsa besitzt die skandinavische A. G. „Titan". Von den 246 m Gefälle sollen in fünf Stufen 190 m ausgenutzt werden, wobei für den Ausbau die Wassermenge von 500 cbm/sek zugrunde gelegt sind. Eine Übersicht über die Wasserkräfte gibt die Tabelle:

Kraftanlage	Entfernung von Reykjavik	Nutzbringende Gefälle	Anzahl Turbinen-P. S.	
			1. Ausbau dauernd	2. Ausbau 7 Monate
	km	m	300 cbm/sek.	500 cbm/sek.
Uridafoss	67,5	30	96 000	160 000
Hestafoss	87,5	18	57 000	95 000
Thorsarholt . . .	94,3	18	57 000	95 000
Skard	98,5	13	42 000	70 000
Burfell	118,5	111	330 000	550 000
Hraumeyarfoss . .	45,0	96	115 000	144 000
		Summe:	697 000	1 114 000

Gefällstufe	Entfernung von der Mündung km	Gefällhöhe m	Wassermenge cbm/sek.	Turbinen- leistung P. S.
Aldeyarfoss . . .	70	58,0	59	36 500
Godafoss	35	42,0	70	31 400
Barnafoss	29	16,5	70	12 300
			Summe:	80 200

Die Fälle des Skialfandafljots, die ebenfalls im Besitze der Fossafjelag sind, besitzen drei Gefällstufen und liegen nur 30 bis 60 km von Akureyri, dem zweitgrößten Handelsplatz Islands.

Der Ausbau der Dettifossfälle, die im Besitze der Nitric Products Co., London, sind und an 140 000 P. S. an der Turbinenwelle liefern könnten, ist durch die große Entfernung von dem nächsten brauchbaren Hafen fraglich.

Nur die Stellung der isländischen Regierung zu dem Ausbau der Wasserkräfte ist aus erklärlichen Gründen zweifelhaft.

Norwegen.

Der Bedarf Norwegens an elektrischen Maschinen und Material für die elektrischen Kraftstationen konnte vor dem Kriege von der Landesindustrie nicht gedeckt werden und wurde großénteils aus Deutschland und Schweden eingeführt. Die kleineren norwegischen Fabriken stellten in dieser Zeit nur die hauptsächlichsten elektrischen Artikel her. Nach 1914 richteten sich die Fabriken bereits auf Massenherstellung und Spezialisierung ein. 1917 hörte die Zufuhr von elektrischen Maschinen, Apparaten und Leitungsmaterial aus dem Auslande fast auf. Die überall auftretenden Schwierigkeiten führten bald zum Zusammenschluß, und es entstand aus einer Gruppe kleinerer elektrischer Industrien als erstes Großunternehmen die „A. S. National Industri" mit einem rein norwegischen Kapital von 6 Mill. Kr. Ihre Betriebe sind für die Massenherstellung von kleinen Motoren, Transformatoren sowie elektrotechnischen Apparaten für Hoch- und Niederspannung eingerichtet. Das Werk hat eine eigene Abteilung für Isolierung des Kupfermaterials, eine eigene Eisen- und Metallgießerei und bereits seit 1917 eine Abteilung für die Herstellung drahtloser Apparate. 1917 sind die ersten norwegischen elektrischen Lampen auf den Markt gekommen und 1918 weiteres elektrotechnisches Material.

Im Jahre 1916 wurde in Christiania die Norske Aluminium gegründet. Die Aluminiumfabrik der Gesellschaft liefert jährlich 6000 bis 7000 t Metall.

Die Gesellschaft hat weiter eine Elektrodenfabrik mit einer Jahresleistung von 5000 t und eine Karbidfabrik von 12000 t jährlicher Leistung.

Die französische Zweiggesellschaft (Société des Alumines et Bauxites de Provence) besitzt äußerst ergiebige Bauxitgruben und außerdem eine neuzeitlich eingerichtete Fabrik für Aluminiumoxyd.

Die großen Kalknatronfeldspat-Lager in Südwestnorwegen, die bis zu 30 v. H. Aluminiumoxyd enthalten, können durch das Goldschmidtsche Verfahren zur Aluminiumgewinnung herangezogen werden. Auch die Graphitindustrie hat sich stark entwickelt.

Das elektrolytische Kupferwerk A. S. Porsa Kobbergruber hat in Verbindung mit der A. S. National Industri die Industrie Norwegens auf dem Gebiete der Kupferversorgung unabhängiger gemacht, desgl. die A. S. Christiania Staalverk von der Eisenversorgung. Die Elektrisierung des Fischereibetriebes, die eine der Haupteinnahmequellen des Landes bildet, wird von der Regierung ernstlich in die Hand genommen. Die Fischereifahrzeuge der skandinavischen Reedereien waren in den letzten Jahren mit Petroleummotoren ausgerüstet. Die Hauptschwierigkeit für die Einführung des elektrischen Antriebes für die Fischereifahrzeuge liegt in der Schwere der Akkumulatoren. Der leichte Akkumulator von 10 bis 14 kg pro kW wird hier die Lösung bringen. Aussicht dürfte der elektrische Betrieb zunächst nur auf größeren Motorfahrzeugen haben. Entscheidend wird aber sein, ob neben der Beschaffungsfrage der Preis des Betriebsöls sich weiterhin so hoch halten wird und ob der Preis für Akkumulatoren in Wettbewerb mit dem Ölpreis wird treten können. Auch in Schweden ist diese Frage bereits Gegenstand der praktischen Arbeit seitens verschiedener Fabriken.

Schweden.

Besonders in Schweden muß mit der Industrialisierung des reich begünstigten Landes gerechnet werden.

Das wesentlichste Arbeitsgebiet, das großenteils die schwedische Elektroindustrie in den nächsten Jahren auszuführen hat, ist die Elektrisierung der Eisenbahn, die Schweden von der ausländischen Kohlenlieferung unabhängig machen soll. Die von der schwedischen Eisenbahndirektion angestellten Ermittelungen, die als Grundlage für die Elektrisierung dienen sollten, sind abgeschlossen. Die auf der durch Lappland gehenden, in erster Linie der Eisenerzförderung dienenden Bahn gemachten Erfahrungen sind günstig ausgefallen.

Der elektrische Betrieb soll zuerst auf der Linie Stockholm—Gotenburg — 453 km — eingerichtet werden. Danach die für den Verkehr mit dem Festlande, besonders Deutschland wichtige Strecke Stockholm—Malmö von 450 km Länge. Ebenso ist die Strecke Stockholm—Nordschweden vorgesehen. Für den Eisenbahnbetrieb im Jahre 1925 ist die erforderliche elektrische Leistung mit etwa 700 Mill. kW-Stunden berechnet, die auf acht bestimmte Bezirkskraftwerke verteilt wird. Dies sind die Werke Porjus, Umeälv, zwei Werke am Dalälv, sowie die Werke Motala Strön, Trollhättan und Lagan.

Zur Ergänzung der Wasserkraftanlagen werden die vorhandenen Torfmoore herangezogen und, soweit erforderlich, längere Kraftüber-
tragungen nach den südlichen Landesteilen angelegt werden. Die
Umwandlung des Betriebes wird zunächst auf der Anschlußstrecke
Kiruna—Svartön und der Bahn Gothenburg—Stockholm, mit dem
hohen Kohlenverbrauch von 384 t/km im Jahre, vorgenommen
werden, sodann die Bahnen Järna, Katrineholm—Malmö—Trälle-
burg, Stockholm—Bräcke usw.

Den Kostenberechnungen sind gleiche Geschwindigkeiten, Fahr-
preise, Lokomotivzahlen und Personalkosten wie bei Dampfbetrieb
zugrunde gelegt, obwohl der elektrische Betrieb wegen des Fortfalls
der Kohlen- und Wassereinnahme und des Lokomotivwechsels vor-
teilhafter ist. Außerdem bringen auch die gesteigerte Leistungsfähigkeit und die verringerten Personalkosten, die sich auch in
Schweden bei der Bahn Kiruna—Riksgränsen ergeben haben, eine
wesentliche Verbesserung der Wirtschaftlichkeit mit sich. Die Zeit
für die Einführung des elektrischen Betriebes wird sich voraussichtlich auf 30 Jahre erstrecken.

Der schwedische Staat besitzt zwei große Wasserkraftwerke,
das Trollhättan-Werk, dem der Götastrom die Kraft liefert, und das
Aelfkarleby-Werk, das seine Antriebskraft aus dem Dalelv erhält.
In ersterem sind zurzeit 10 Turbinensätze mit insgesamt 86000 kW
Höchstleistung aufgestellt. Die Energielieferung beträgt in der Zeit
der nordischen Schneeschmelze im Mai bis Juli monatlich etwa
40 Mill. kWh, sinkt aber von Januar bis April unter 20 Mill. kWh.

Die Wasserfalldirektion hat daher zur stetigeren Gestaltung der
Energielieferung ein Hilfsdampfkraftwerk in Västeras am Nordufer
des Mälarsees errichtet, das auch für eine größere Zahl staatlicher
wie privater Wasser- und Dampfkraftwerke Süd- und Mittelschwedens
als Belastungsverteiler und Belastungsausgleicher dienen wird. In
erster Linie wird es das Aelfkarleby-Wasserkraftwerk in den Zeiten
ungenügenden Wasserlaufes unterstützen.

Auch die Entwicklung der elektrischen Roheisengewinnung wird
mit Nachdruck betrieben. In Domnarfvet sind zwei neue Hochöfen
aufgestellt worden. Drei weitere Öfen sollen folgen, sobald das zu-
gehörige Kraftwerk in Forshufvud fertig ist.

Die Einfuhr der wichtigsten Metalle nach Schweden zeigt die
Tabelle:

	1913 t	1919 t
Steinkohle	4 879 000	1 943 000
Koks	496 000	229 000
Kupfer, unbearbeitet	9 182	14 639
Zink	3 674	9 295
Zinn . . . · . .	1 083	998
Roheisen	99 972	26 640

Die Absatzverhältnisse für elektrotechnische Fabrikate in Schweden sind günstig. Der Gedanke der Elektrisierung ist vom Bahnbetrieb auf die Privatindustrie, die Landwirtschaft und Hauswirtschaft übergegangen.

Mangel herrscht an Akkumulatoren und ihren Ersatzteilen, an Zählern, Glühlampen, Apparaten usw. Der Bedarf kann im Inland allein nicht gedeckt werden. Auf Einfuhr ist Schweden auch in Kabeln angewiesen, obwohl die schwedische Kabelindustrie während des Krieges eine große Entwicklung genommen hat.

Den Bedarf an Fernsprech- und Telegraphengeräten kann die Stockholmer Allgemeine Telephon-A.-G. und die Telegraphen- und Fernsprech-Fabrik A.-G. L. M. Ericsson & Co., die sich als neue Gesellschaft konstituiert haben, decken. Die Herstellung elektrischer Heizapparate ist in großem Umfange in Angriff genommen. Da während des Krieges die Einfuhr wesentlich beschränkt war, hat die schwedische Industrie ihre Erzeugung erheblich gesteigert und mit Hochkonjunkturpreisen gearbeitet. Das Gesamtkapital der Elektroindustrie ist von 50 Mill. Kr. in 1914 auf 230 Mill. 1918 angewachsen und der Produktionswert von etwa 20 Mill. Kr. auf ungefähr 100 Mill. Kr. Die Schwierigkeiten, die nötigen Rohstoffe aus dem Auslande zu erhalten, führten zu einer gründlichen Ausnützung der Roh- und Hilfsstoffe des Landes. Die nationale Industrie hat eine bemerkenswerte Entwicklung genommen, die sich in der nachstehenden Tabelle zeigt, die den Erzeugungswert nur für die Jahre 1914—1916 gibt:

Warengruppen	Erzeugungswert in 1000 Kr.		
	1916	1915	1914
Stromerzeuger, Motore, Transformatoren .	26 738	16 404	12 291
Widerstände, Sicherheitsapparate, Schalter, Schalttafeln u. dgl.	9 219	4 530	3 457
Glühlampen	2 361	1 694	1 546
Telephon- und Telegraphenapparate, Elektrizitätszähler, sowie sonst hierher gehörige physikalische Instrumente . .	16 203	12 124	10 363
Akkumulatoren und galvanische Elemente	1 683	1 936	1 104
Dynamobürsten und Kohlenelektroden .	2 955	1 744	688
Leitungsmaterial: isolierter Draht u. Kabel	13 332	7 236	4 426
Röhren u. dgl.	389	173	—
Zusammen:	72 880	45 841	33 875

Drähte und Kabel aus	1916 t	1915 t
Kupfer	6 538	5 507
Messing	807	561
Aluminium . . .	28	63
Wolfram, Molybdän .	0,372	0,3
Elektrodenmasse . .	150	89
Isoliermasse . . .	674	434

Die schwedische Elektroindustrie war in der Lage, den erhöhten Inlandsbedarf zu decken, den Export, besonders nach Rußland, in Angriff zu nehmen. Die „Asea" in Västeras hat ihr Kapital von 26 auf 33 Mill. Kr. erhöht und sich eine Turbinenbauanstalt, Kabelwerk, Gießerei, Porzellanfabrik usw. angegliedert. Der Umsatz stieg von 1912—1916 von 13,9 auf 39,4 Mill. Kr., die Ausfuhr von 3,8 auf 10,9 Mill. Kr. Die Lage des Unternehmens ist stark. Im Inlande hat es die ausländische Konkurrenz nicht zu fürchten, für den Export hat es bereits Tochtergesellschaften in Dänemark, Frankreich, England und Rußland errichtet. Schwierigkeiten liegen für die Elektrizitätswerke in der Beschaffung von elektrischem Installationsmaterial vor. Hier wird Amerika größere Sendungen liefern.

Schweden wird mit einer bedeutenden Einfuhr rechnen müssen. Deutschland wird an diesem Import nur beteiligt sein, wenn die deutschen Werke zur Herstellung ihrer Fabrikate erstklassige Friedensmaterialien verwenden und der Preis billig bleibt. Die schlechte Ausführung in bezug auf Material dürfte auch zur Schaffung von Normalien für elektrische Maschinen und Vorschriften, betreffend die Festigkeit von Isoliermaterial usw. für Schweden gemeinsam mit Norwegen und Dänemark beigetragen haben.

Für die schwedische elektrotechnische Industrie ist der Elektro-Industrie-Verband der Interessenverband. Es gehören ihm die Firmen an: Allmänna Svenska Elektriska A.-B., Luth & Roséne Elektriska A.-B., Elektriska A.-B. Eck, Elektriska A.-B. Volta, Svenska Akkumulator A. B., Jungner A.-B. Elektraverken, Max Sieverts Fabriks A.-B., Stockholmstelefon A.-B. Sein Arbeitsgebiet ist die Förderung der Elektrisierung des Landes, die Vereinheitlichung der elektrotechnischen Erzeugnisse und die Wahrnehmung der Interessen der Elektroindustrie in handelspolitischer Richtung. Ebenso wird einheitliches Vorgehen bei der Geschäftsabwicklung der Beschaffung verschiedener Bedarfsgegenstände vorgesehen.

Dänemark.

Die Produktionsstatistik Dänemarks für 1913 erfaßt 5 Fabriken, welche sich mit der Herstellung von Telephon- und Telegraphenapparaten befassen. Ein stärkerer Ausbau ist hier nicht eingetreten. Die Einfuhr aus dem Auslande umfaßte im Jahre 1913:

Telephonapparate u. dgl. . . . .   10 000 kg, aus Schweden 3900
Kontakte, Sicherungen und sonstige
   elektrische Kleinteile . . . .   507 000 „
Unterbrecher u. dgl., aber ohne Akku-
   mulator, Kabel, Leitungsdraht u. Rohre   128 000 „
Elektrische Meßapparate . . . .   176 400 „
Leitungsdraht (zusammen). . . . . . . 1 896 400 „

An Hochspannungswerken besitzt Dänemark das Hovedgaard bei Bygholm, das jährlich 400 000 kWh liefert. Für Mittel-Jütland ist die Anlage einer elektrischen Kraftzentrale geplant. Nordseeland wird mittels eines Kabels durch schwedische Wasserkräfte mit elektrischer Energie versorgt. In Elektromotoren wird Deutschland nur für Kleinmotore von $^1/_2$ P. S. abwärts die Möglichkeit zum Absatz haben. Amerika, das bereits stark eingedrungen ist, lieferte elektrische Werkzeugmaschinen, die Motor und Werkzeug aus einem Stück enthalten. Ein starker Bedarf herrscht an Fernsprechapparaten vor. Hier wird aber Deutschland nicht in Frage kommen, da Dänemark ein besonderes Modell besitzt.

Holland.

Die Gesamtleistung aller Elektrizitätswerke in Holland kann mit etwa 200 000 kW und die der angeschlossenen Verbrauchsapparate mit 300 000 kW angesetzt werden. Das Kabelnetz, aus dem die Verbraucher die Kraft entnehmen, hat eine Länge von ungefähr 1700 km. Für die Verteilung der Elektrizität werden neue Pläne erwogen, die nach Möglichkeit das ganze Land mit elektrischer Kraft versehen sollen. Über die Lage der Kraftquellen und ihre Leistung ist noch nichts näheres bekannt.

Vor 1914 herrschte in Holland die deutsche Elektrotechnik. Dampfturbinen, Stromerzeuger und vor allem Kabel wurden von ihr geliefert. Nun ist in Holland eine elektrotechnische Industrie entstanden, die allerdings den Landesbedarf noch nicht zu decken vermag. Die Einkäufe werden nach Amerika, England und zu Brown Boveri in der Schweiz gelegt. Deutschland wird auf dem holländischen Markte wieder Absatz finden können, wenn es lieferfähig ist, die allerbesten Konstruktionen und gutes Material bei angemessenen Preisen wird anbieten können.

Die nordischen Staaten, die ihre Industrie und ihre Dampferlinien eingerichtet haben, warten vor allem auf die Wiederbelebung des russischen Marktes. Aber auch für die anderen Himmelsrichtungen sind die Vorbereitungen getroffen. Norwegen und Holland streben nach Ostasien. Eine niederländisch-japanische und niederländisch-slavische Handelsgesellschaft sind entstanden. Schwedische Einkaufs- und Verkaufsniederlassungen sind in Frankreich errichtet. Die Industrie- und Handelskreise dieser Länder haben also die Absicht, auch die Vermittlung für den Ein- und Verkauf fremder Waren zu übernehmen.

Die Lagerhäuser in den nordischen Häfen füllen sich mit amerikanischen Waren, die Amerika unter Gewährung langer Kredite liefert.

So ist es auch erklärlich, daß die nordischen Staaten für den Neuaufbau der deutschen Wirtschaft Bedeutung besitzen werden.

Deutschland.

Von den 550 000 qkm Kohlenfelder der Erde fallen 200 000 qkm auf die Vereinigten Staaten und China, während Deutschland nur 15 000 qkm Kohlenfelder besitzt. Der Kohlenverbrauch aller Länder wird in den nächsten Jahren erheblich zunehmen, und Deutschland wird auf eine sehr starke Ausfuhr rechnen müssen, die nicht allein von außenpolitischen, sondern auch von wirtschaftlichen Überlegungen abhängen wird. So wird es gezwungen sein, die Braunkohlen- und Torflager abzubauen, die Wärmeenergie dieser Lager, die mechanische Energie der Wasserkräfte und vielleicht auch der Windkräfte in immer stärkerem Maße zur Umwandlung in elektrische Energie heranzuziehen. Für die Umwertung der Energiearten ist jetzt der Grundsatz durchgedrungen, daß die Erzeugung der elektrischen Energie an den Orten mit höchstem wirtschaftlichen Wirkungsgrade erfolgt, an denen die genannten Energiearten vorkommen. Die Verteilung dagegen ist an die Orte des Verbrauchs durch Hochspannungsleitungen zu führen.

Norddeutschland hat die Ausnutzung seiner Wasserkräfte noch nicht in Angriff genommen, obschon diese im Höhenzuge der Norddeutschen Seenplatte starke Kräfte führen, und dort die Erzeugung des elektrischen Stromes auf den Kohlenbezug der entfernten Bergwerksbetriebe angewiesen ist. Die Ursache ist die geringe industrielle Entwicklung, die auf die größeren Seestädte beschränkt ist. Die landwirtschaftlichen Kreise in Pommern und Westpreußen haben den Bau von Großunternehmen wegen der großen Kosten nicht beginnen können. Die ostpreußischen Flüsse Passarge, Alle, Angerapp und Pissa, Szeszuppe, sowie der masurische Kanal, würden zusammen 220 Mill. kW-Stunden im Jahre ergeben, ein Betrag, der ausreichen würde, um den Gesamtbedarf der drei alten Ostseeprovinzen Preußens zu decken.

Der Provinziallandtag Ostpreußens hat nun Ende 1919 die Vorlage, betreffend die Versorgung der Provinz mit elektrischer Energie, einstimmig angenommen. Danach sind bereits die Elektrizitätsgesellschaften gegründet worden. Durch das Reich und die Provinz die „Ostpreußische Kraftwerke-A.-G." mit dem Sitz in Königsberg für den Bau und Betrieb der Kraftwerke und des Oberspannungsnetzes nebst den Haupttransformatoren. Durch die Provinz die „Überlandzentrale Ostpreußen A.-G." gleichfalls mit dem Sitz in Königsberg, für den Bau und Betrieb der Mittelspannungsnetze mit den Transformatorenstationen, der Ortsnetze (Niederspannungsnetze) in den Landgemeinden und Städten, soweit letztere von dem Bau eigener Netze Abstand nehmen und für die Vorhaltung der Zähler. Den Kreisen ist die Beteiligung an den Überlandzentralen vorbehalten.

Der Ausbau der deutschen Wasserkräfte ist für die deutsche Landwirtschaft und Industrie so wichtig, daß sie mit allen Mitteln beschleunigt werden müssen. Die Steinkohle wird auch in den nächsten Jahren ein wertvoller Austauschgegenstand, mit dem in geschickter Hand mancherlei auf anderen Warengebieten sich wird erreichen lassen. Frankreich hat in den ersten drei Kriegsjahren neue Wasserwerke für 1,5 Milliarden kW-Stunden jährliche Leistung erbaut und sucht nach Möglichkeit die reichen Wasserkräfte des Rheins in seinen Nutzbereich hineinzuziehen. Norwegen, Schweden, Oberitalien haben ihre gesamte Krafterzeugung auf Wasserkraft eingestellt. Amerika-England treiben mit allen Mitteln dazu.

Auch die Ausnutzung der Kleinwasserkräfte mit Kleinwerken sind mit 1,5 Mill. P. S. anzusetzen. Zur Beschleunigung des Ausbaus ist ein einheitliches Amt für Wasserwirtschaft zu schaffen, wie es Italien, die Schweiz und Frankreich und die andern Länder bereits besitzen. Das Ziel ist Zusammenschluß und Zusammenbau verschieden gearteter Flußläufe auf ein gemeinsames Arbeitsgebiet. Die Schweiz besitzt 7200 Wasserkraftwerke mit etwa 200 000 P. S.

Für das Inland haben die deutschen Bundesstaaten Sachsen, Bayern, Württemberg, Baden, nun auch Preußen, eine staatliche Elektrizitätspolitik eingeleitet.

Grundlegende rechtliche und wirtschaftliche Fragen der Elektrizitätswirtschaft sind festzulegen: Inhalt und Grenzen der Betätigung des Reiches, der Einzelstaaten, der Gemeinden und des Privatunternehmertums in der Elektrizitätsverwaltung, die Formen der gemeinsamen Tätigkeit öffentlicher Verbände und des Privatunternehmertums als „gemischt-öffentliche Unternehmung", Fragen, die auch in der Elektrizitätsversorgung anderer Länder im Vordergrunde stehen. Das technische Ziel ist kurz: Das ganze Reichswirtschaftsgebiet ist mit einer geschlossenen Kette von Großkraf entralen zu besetzen, die auf ein Reichskraftnetz arbeiten. Die Großkraftzentralen haben die Verteilung der elektrischen Energie in der erforderlichen Spannung und Stromstärke nach allen Richtungen mit dem höchsten Wirkungsgrade zu leiten. Die Anlage der Kraftwerke geschieht an den Kraftquellen in den durch die Natur und Wirtschaftlichkeit gebotenen Orten. Die Fernleitung der gewonnenen Energie an die Verbrauchsstellen mittels Verzweigungen bis in die kleinsten Wirtschaftseinheiten. Durch Kuppelung der Anlagen ist der Ausgleich der Leistung der Energiequellen, der Ausnützungsfaktor, gegenseitige Aushilfe und eine erhöhte technische und wirtschaftliche Wirksamkeit der Anlagen sicherzustellen. Manche Pläne sind soweit bearbeitet, daß der Bau dieser wichtigen Anlagen von den Arbeitern begonnen werden könnte.

Die Kraftwirtschaft muß auf eine Grundlage gestellt werden, wie sie den Forderungen der Volkswirtschaft und der möglichen Kohlenersparnis entspricht. Für die letztere wird es bei Lieferung von Antriebsmotoren erforderlich sein, Motore zu liefern, die der geforderten Leistung der Anlage entsprechen. Die Unterbelastung arbeitet mit einem geringen Wirkungsgrad und einem größeren Kohlenverbrauch für die tatsächlich geleistete Nutzarbeit. Ebenso werden die Transmissionsverluste möglichst zu beschränken sein. Die Zusammenfassung der Energie-Erzeugung und -verteilung wird durchgeführt werden müssen. Das Bayern-Werk ist eine derartige Zentrale, die mit einer Landessammelschiene ansgerüstet ist, von der staatliche, kommunale und industrielle Werke die Verteilungsspannung abnehmen. In Sachsen und Anhalt ist die Esag die Zentrale, die sich auf die Großkraftwerke in Golpa, Harbke, Ammendorf stützt.

Diese Aufgabe muß in absehbarer Zeit fürs Deutsche Reich in

Anlehnung an die Wasserkräfte Süddeutschlands, die Braunkohlen-lager Mitteldeutschlands und die Torfmoore Norddeutschlands restlos durchgeführt werden.

Die Möglichkeit, die kalorische Energie der Kohle an Ort und Stelle in elektrische Energie umzuwandeln und auf praktisch beliebige Entfernungen zu übertragen, hat bereits zur Erbauung von Großkraft-werken auf Braunkohlengruben geführt. Zu den neuen Betrieben, die an diese Kraftquellen angeschlossen sind, gehört die neuorganisierte In-dustrie der Salpeter- und Stickstoffgewinnung auf elektrischem Wege. Die Reichs-Stickstoffwerke, die Elektrosalpeterwerke und die Elektro-nitriumwerke, Gründungen der Allgemeinen Elektrizitätsgesellschaft, die bayrischen Stickstoffwerke, sowie andere ähnliche Betriebe sind hier zu nennen. Das große Werk in Colpa-Jessenitz treibt die Reichs-Stickstoffwerke in Piesteritz und versorgt gleichzeitig einen Teil von Groß-Berlin mit elektrischer Energie. Die großen Werke in Leuna in der Niederlausitz sind gleichfalls zu nennen.

Deutschland kann mit diesen neuen großen Werken der Welt-erzeuger von Stickstoffverbindungen sein. Es kann nicht allein seinen eigenen Bedarf in Landwirtschaft und Industrie decken, sondern noch ganz erhebliche Mengen für den Export herstellen.

Die Weltproduktion an Zyanamid verteilt sich auf die einzelnen Länder folgendermaßen:

1911:

Frankreich	7 000 t
Algerien und französische Kolonien	9 000 „
England	8 900 „
Rußland	3 000 „
Belgien	1 000 „
Schweiz	100 „
Spanien	1 000 „
Balkanländer	3 000 „
Italien	8 000 „
Portugal	1 000 „
Österreich	6 000 „
Deutschland	30 000 „
Holland	2 000 „
Skandinavische Länder	7 000 „

1918:

Frankreich	300 000 t
Deutschland	510 000 „
Vereinigte Staaten	220 000 „
Kanada	64 000 „
Italien	60 000 „
Japan	50 000 „
Norwegen Schweden	220 000 „

Deutschlands Produktion war also 1918 so groß wie diejenige Frankreichs und der Vereinigten Staaten zusammengenommen.

Mittels dieser Werke ist es schon in der Lage, das Aluminium aus deutschen Rohstoffen im Lande zu erzeugen. Es besteht aber überall die dringendste Notwendigkeit, allen Werken und Fabrikanten die elektrische Betriebskraft zu möglichst niedrigem Preise zu liefern. Hierzu sind nur in den großen Elektrizitätswerken große Maschinen aufzustellen und Verbindungen zwischen den verschiedenen Gebieten herzustellen unter Einordnung oder Schließung der kleineren Kraftwerke nach Grundsätzen, die bereits angeführt sind.

Auch die Elektrostahlindustrie hat das größte Interesse an billiger Kraft. Die Eisen- und Stahlindustrie wird von zwei Bestrebungen geleitet: Erhöhung der Erzeugung und Verbesserung der Güte der Erzeugnisse. Beides vermag sie zusammen durch den elektrischen Ofen zu erreichen.

Die Wirtschaftlichkeit des Roheisenschmelzens ist von drei Veränderlichen abhängig:

1. vom Preise der Reduktionskohle,
2. vom Preise für die elektrische Energie,
3. vom Kraftverbrauch für die Tonne Roheisen, wofür hauptsächlich die Zusammensetzung des Erzes maßgebend ist.

Der Arbeitslohn dagegen schwankt mit den örtlichen Verhältnissen und mit der Geschicklichkeit der Arbeiter und Meister, die sie beim Bedienen der einzelnen Öfen besitzen. In Amerika sollen 4 Mann 30 Bäder bedienen können, während in kleinen Werken ein Mann einen Ofen unter sich hat.

Den Fortschritt in der Erzeugung zeigt am besten der Produktionsvergleich der beiden wichtigsten Stahlgruppen:

Erzeugung von Edelstahl in Deutschland in t.

Jahr	Tiegelstahl	Elektrostahl	Edelstahl zusammen	Tiegelstahl v. H.	Elektrostahl v. H.
1908	88 183	19 536	107 619	81,9	18,1
1914	95 096	89 336	184 432	51,6	48,4
1915	100 578	131 579	232 157	43,3	56,7
1916	110 472	178 585	289 057	38,2	61,8
1917	129 784	219 700	349 484	37,2	62,8

Wichtig wären billige Wasserkräfte. Für neuzuerschließende Wasserkraftwerke stellen sich aber die Kosten durch die hohen Preise für Rohstoffe und Arbeitslöhne so hoch, daß die Anlagekosten zu hoch werden. Wegen der dadurch erforderlichen hohen Verzinsung erhält die Kraft einen erheblichen Betrag pro 1 P. S.-Jahr. Für die Reduktion werden noch innenpolitische Maßnahmen erforderlich sein.

Die Herstellung von Elektroden für die verschiedenen Arten elektrischer Öfen hat in Deutschland eine außerordentliche Entwickelung genommen. Hierzu hat der große Elektrodenbedarf zur

Herstellung von Elektrostahl, Ferro-Silizium, Karbid, Aluminium usw. geführt. Die vorhandenen Fabriken reichten für den starken Bedarf nicht aus, und es mußten von den betreffenden Firmen wie Gebr. Siemens & Co., Plania-Werke in Ratibor O./S., Gesellschaft für Teerverwertung in Duisburg-Meiderich und C. Conrady in Nürnberg umfangreiche Neubauten errichtet werden. Bei dem Elektrodenbau werden ganz besondere Anforderungen an die Festigkeit der Elektroden gestellt. Unter dem Zwange des Rohstoffmangels hat sich die deutsche Industrie von dem Monopol der International Acheson Co., die aus ihren Werken am Niagarafall die ganze Welt mit graphitierten Elektroden versorgte, unabhängig gemacht. Die Patente der Acheson Co. sind 1917 abgelaufen. Nach ihrem Verfahren werden die im Gasofen vorgebrannten Kohlen in der starken Glut der elektrischen Widerstandsöfen von den Verunreinigungen gereinigt. Aus der harten Kohle entsteht eine weiche, leicht bearbeitbare und widerstandsfähigere graphitische Kohle. Die deutschen Anlagen sind in der Lage, Kunstgraphit in allen verlangten Formen herzustellen, und von besseren Eigenschaften als sie der natürliche hat. Die außerordentliche Reinheit führt zu einer Verbesserung der Leitfähigkeit, und damit zu einer Verringerung des Querschnitts der Elektroden. Auch in der Schweiz wird in Bodio und Affoltern a. Albis künstlicher Graphit auf elektrischem Wege hergestellt.

In der Landwirtschaft herrscht ein großer und dringender Bedarf nach elektrischen Anlagen. Wird hier in großzügiger Weise vorgegangen, so wird die Elektrizitätsindustrie durch die Herstellung von Transformatoren, Motoren, Zählern, Meßinstrumenten, von Installationsmaterialien, Leitungen, Glühlampen usw. starke Beschäftigung erhalten.

Der Verlust großer landwirtschaftlicher Überschußgebiete zeigt deutlich, daß die Ernährung Deutschlands aus eigenen Ernten nur dann möglich sein wird, wenn die Landwirtschaft zur höchsten Steigerung der Produktion übergeht.

Hier muß der große Zug, wie er in den zusammengefaßten Industrien vorliegt und die technische Wirtschaftsweise eindringen.

Alle technischen Einrichtungen, die Verkehrsmittel, Fernsprechanlagen, Meliorationen und Nutzbarmachung von Torfmooren, hat die Technik zu leisten, und vor allem ist die Elektrizität in immer weiterem Umfange einzuführen, um die Arbeitskraft zu liefern, der die Landwirtschaft für die Produktionssteigerung bedarf. Die elektrochemische Industrie der Düngemittel ist soweit entwickelt.

Auf dieser Grundlage wird sie ihre Produktion für die Ernährung der Bevölkerung zu erhalten haben, um der Industrie und damit der deutschen Nationalwirtschaft ihrerseits die Grundlage für weitergehende Maßnahmen zu liefern.

Der Kleingrundbesitz wird zur Einführung von Kleinkraftmaschinen durch die Leutenot und die großen Kosten für menschliche und tierische Arbeit gezwungen werden. Der Großgrundbesitz wiederum zur Einführung größerer Kraftmaschinen zum Dreschen, Pflügen und zur Anlage von Feldbahnen.

Der Betrieb von Dreschmaschinen durch Elektromotoren gewinnt an Ausdehnung, ebenso der elektrische Antrieb anderer Arbeitsmaschinen. Dagegen macht die Anwendung des elektrischen Stromes für die Bodenbearbeitung keine Fortschritte. Der Hauptgrund hierfür ist die geringere Bewegungsfreiheit der Motoren, da sie von der Leitungsführung abhängig sind, im Gegensatz zum Explosionsmotor, der unabhängig von jeder Leitung den Pflug treibt. Ein leichter wirtschaftlich arbeitender Akkumulator müßte entwickelt werden.

Ein Punkt ist noch zu berücksichtigen.

Der größte Kraftbedarf der Landwirtschaft erstreckt sich auf wenige Wochen im Jahre. Dem wären die Bemessung der Kraftwerke, Leitungen und Transformatoren anzupassen,

Diese Wirtschaftsführung hat natürlich Schwierigkeiten für die uneingeschränkte Anwendung der elektrischen Kraft.

Der elektrische Dresch- und Pflugbetrieb wird sich dann verwirklichen lassen, wenn Wasserkraftwerke in der Zeit höchster Arbeit den Strom werden liefern können, da dann die Mehrkosten größerer Kraftwerke und Leitungsanlagen mit allem Zubehör ohne Bedeutung sind.

Die Versorgung der Landwirtschaft mit elektrischer Kleinkraft und elektrischem Licht ist unbestreitbar bereits jetzt möglich. Der Kleinkraftbedarf für Licht-, Wasser- und Jauchenpumpen, Futterschneider, Schrotmühlen, Milchzentrifugen und Buttermaschinen, für die Erwärmung des Wassers bis zur Verwandlung in Dampf und Trocknung der landwirtschaftlichen Erzeugnisse läßt sich durchführen.

Auch die Windkraft könnte zur Deckung des Kleinkraftbedarfs eines Kleingehöftes herangezogen werden. Der Bau derartiger Windelektrizitätswerke müßte aber nach dem Gesichtspunkte durchgeführt werden, daß sie später an die Großkraftwerke angeschlossen und auf ihre Leitungen arbeiten könnten.

Für die Entwicklung der Landwirtschaft sind auch die Verkehrsmittel, unter denen die elektrischen Kleinbahnen eine größere Bedeutung gewinnen werden, von Wichtigkeit.

Ein weiteres umfassendes Gebiet ist die Elektrisierung der Häuser.

Die Ausdehnung auf die elektrische Raumheizung von Wohnungen findet zurzeit in den vorhandenen Leitungsnetzen und Netztransformatoren ihre Grenze. An einen Ausbau ist auch in absehbarer Zeit nicht zu denken. Die elektrische Raumheizung für Fabriken ist dagegen möglich, da diese an Kraftnetze angeschlossen sind oder ihre eigenen Zentralen besitzen. Die erforderliche Leistung ist auch geringer.

Die Abgabe von Kochstrom würde die Elektrizitätswerke gleichfalls zwingen, ihre Einrichtungen für eine gesteigerte Leistung auszubauen. Die weitgehende Einführung des elektrischen Kochens dürfte zunächst den kleineren Elektrizitätswerken Schwierigkeiten bereiten, da die Straßenleitungen, die für die Abnahme von Lichtstrom berechnet sind, vergrößerte Querschnitte erfordern werden.

Der Massenabsatz elektrischer Haushaltungsmaschinen im In- und auch im Auslande würde parallel mit der fortschreitenden Elektrisierung gehen, sofern die Normalform geschaffen ist, mit der Kaffeemühle, Fleischhackmaschine, Reibemaschine, Waschmaschine und Plätteisen usw. an das Beleuchtungsnetz anzuschließen sind. Diese Artikel werden vor allem im Ausland als Massenartikel stark benötigt.

Die elektrische Heizung industrieller Arbeitsmaschinen und -Vorrichtungen zur Vervollkommnung des Arbeitsverfahrens sind gleichfalls ein entwicklungsfähiges Anwendungsgebiet, besonders wenn berücksichtigt wird, daß Erzeugnisse höchster Güte eine Forderung für die Wiedergewinnung des Marktes sein werden.

Für die Anwendung der elektrischen Maschinenbeheizung in den verschiedensten Gewerben seien als Beispiele erwähnt: die Setzmaschinen, Pressen und Trockenvorrichtungen in der Papier-, Kartonagen- und Zellstoffindustrie, Heizkessel in Farben- und anderen Fabriken, die mit leicht entzündlichen Flüssigkeiten arbeiten. Bei der Bewertung elektrischer Heizung von gewerblichen Arbeitsgeräten und -maschinen sind daher nicht die Stromkosten allein ausschlaggebend. Dieser Zweig der Elektroindustrie muß in Deutschland sehr erweitert werden. Er muß auch auf die elektrische Heizung in Flugzeugen und Luftschiffen ausgedehnt werden.

Für die Elektrizitätswerke wird sich mit Verwendung des elektrischen Stromes zu Heizzwecken eine gleichmäßigere Belastung und bessere Ausnutzung der Anlagen ergeben. Billige Stromtarife für Heizstrom und dort, wo der Strom für Elektromotoren gebraucht wird, ein höherer Nachlaß entsprechend dem Mehrverbrauch auf den tarifmäßigen Preis müssen, wie in den Vereinigten Staaten, die Grundlage ihrer Preispolitik sein.

Der Schiffbau wird zunächst keine größere Steigerung erhalten. Die Werften wissen nicht, wer Eigentümer der im Bau befindlichen Schiffe sein wird. Hierzu kommt noch die Rohstoffknappheit, besonders der Mangel an Stahl und Kohle. Der monatliche Stahlverbrauch beträgt ungefähr 50 000 t. Diesem Bedarf stehen monatlich nur etwa 7 000 t gegenüber. Auch wenn Aufträge auf größere Schiffe eingehen würden, so könnten sie doch zurzeit nicht ausgeführt werden.

Auf dem Gebiete der Schwachstromindustrie sind durch die Glühkathodenröhre Umwälzungen von weittragender Bedeutung eingetreten. An der Entwicklung arbeiten und haben in hervorragendem Maße die Siemens & Halske-A.-G., die A. E. G. mit ihrer Tochtergesellschaft Telefunken und die Dr. Erich F. Huth-, Gesellschaft für Funkentelegraphie, Berlin, gearbeitet.

Allein die Elektrisierung Deutschlands und der heimische Bedarf an elektrischen Maschinen und Apparaten dürfte genügen, um eine

Industrie mit einer mindestens dreimal so hohen Produktion wie der jetzigen zu beschäftigen. Die Rückwirkung auf die Eisenindustrie, die Imprägnierungsanstalten für Holzmasten, die Porzellanfabriken für Isolatoren, braucht mit ihrer Rückwirkung auf den Arbeitsmarkt nicht ausgeführt zu werden.

Zur Ausführung eines derartig umfassenden Programmes fehlen Deutschland die Rohstoffe. Deutschland muß Gold, Silber und Platin aus dem Auslande kaufen, ebenso Zinn, Nickel, Chrom, Wolfram, Molybdän und Vanadium, Baumwolle, Wolle, Rohseide und Kautschuk.

Wichtige Rohstoffe, die Deutschland nicht genügend besitzt, sind Graphit, Schwefel, Phosphor, Blei, Zink und vor allem Mangan, Eisen und Kupfer.

Den Verbrauch an Erzen gibt die Tabelle für 1913 in t:

| Stoff | Erz-gewinnung | Erz-einfuhr-Überschuß | Rohmetall-Erzeugung | Metall-Einfuhr | Ausfuhr | Eigen-verbrauch im Lande | Preis |
				roh und in Erzeugnissen			M./kg
Eisen	26 600 000	18 700 000	19 300 000	609 000	7 000 000	12 900 000	0,07
Kupfer	973 000	2 300	45 000	243 200	124 700	163 500	1,30
Zink	645 000	248 200	278 000	56 710	131 900	202 800	0,48
Zinn	—	18 700	11 300	18 000	9 900	19 400	4,05
Blei	145 000	138 500	181 100	84 000	65 000	200 100	0,37
Nickel	—	—	5 200	3 300	1 600	6 900	3,25
Aluminium . .	—	höchstens	4 000	15 400	7 800	11 603	1,05

Vor dem Kriege betrug der jährliche Zinnverbrauch Deutschlands 19 000 t, wovon hauptsächlich aus bolivianischen Erzen in deutschen Hütten 11 500 t verschmolzen, der Rest als Metall eingeführt wurde.

Die Welterzeugung an Zinn betrug 1917 120 000 t, wovon aus den

Malaienstaaten	40 000 t
Bolivien	28 000 „
Banka	14 999 „
Siam	8 000 „
China	7 000 „
Australien	6 000 „
Südafrika	3 000 „

Da neben England vor allem Holland Besitzer an reichen Zinnvorkommen ist, darf mit Zufuhren nach Deutschland gerechnet werden.

Unter den Stahlveredlungsmetallen ist Nickel wohl das wichtigste. Die kanadische Erzeugung ist über den Friedensbedarf von 20 000 t auf 38 000 t gesteigert, so daß die geschäftlichen Interessen zur Ausfuhr drängen werden.

Von den westeuropäischen Staaten hat Portugal die reichsten Wolframlager, das dort als Wolframit und Scheelit mit Kassiterit vorkommt. 1914 wurden 1700 t Wolframit ausgeführt, zumeist nach England und Frankreich und zwar von einer französischen und englischen Gesellschaft. Spanien besitzt drei Hauptlagerstätten für Wolframerze, mit einer Jahresproduktion von 300 t Wolframit. England fördert aus seinen Wolframlagern in Cornwallis denselben Betrag. Die Verarbeitung der Erze, sowie der aus Portugal eingeführten erfolgt in Liverpool. In Frankreich werden nur 70 t Wolframit zusammen mit Kassiterit gewonnen und mit den portugiesischen Erzen in Ugine (Savoyen) verarbeitet. Reich an Wolfram ist das asiatische Rußland, dessen Stätten in der Umgebung von Borzia, einer Station der Transbaikalbahn, erst erforscht und auf primitive Weise ausgenutzt werden. Deutschlands und Österreichs Förderung zusammen beträgt etwa 300 t im Jahre. Dies wären die greifbaren europäischen Vorräte. Von Südamerika hat Argentinien früher seine ganze Produktion an Deutschland abgegeben. Von hier ist Lieferung zu erwarten. Auch in Bolivien und Peru hat sich der Wolframerzbau stark entwickelt. Das gewonnene Erz wurde hauptsächlich nach den Vereinigten Staaten gesandt.

Große Wolframlager weist China auf; es werden monatlich 100 t Konzentrate gewonnen.

Wolframerze sind in größeren Mengen im Küstengebiet der Provinz Kuangtung und im südwestlichen Teile der Provinz Yümau. Für diese Erzlager war in Amerika starkes Interesse vorhanden. Jetzt aber wird die Forderung erhoben, den Ausbau der amerikanischen Tungsteinlager in Angriff zu nehmen, um den Bedarf des Landes in diesem wichtigen Rohmaterial unabhängig vom Auslande zu machen. Über die Entwicklung und Bedeutung der chinesischen Wolframindustrie für den Weltmarkt ist ein Urteil zurzeit nicht möglich. Sicherlich könnte China zum billigsten Produktionslande für Wolframerze unter allen Ländern der Erde gemacht werden.

Für Nordamerika ist Kalifornien das wichtigste Produktionsland. Die Vereinigten Staaten liefern bereits Wolframmetall und Ferro-Wolframlegierungen an die stahlerzeugenden Länder. An zweiter Stelle der zum englischen Weltreich gehörenden Wolframerzeuger steht Australien. An Stelle des Wolframs wird vielfach Molybdän verwandt. Molybdän scheint aber kein vollwertiger Ersatz für Wolfram zu sein, das sicherlich bald wieder in ausreichender Menge zur Verfügung stehen wird.

In Molybdän ist Japan sehr reich. Es kann in diesem Mineral zum Hauptproduzenten werden.

Zinkerze kommen in Oberschlesien in Mächtigkeiten bis 12 m und mit 14 bis 16 v. H. Zinkgehalt vor, ferner im rechtsrheinischen und linksrheinischen Bezirk mit 7 und 13 v. H. Zinkgehalt. Der Harzer-, der erzgebirgische, der Schwarzwald- und der Freiberger Bezirk haben zurzeit eine geringe Bedeutung. Außerhalb

Deutschlands sind die Hauptzinklager Neusüdwales, Kärnten, Böhmen, Ungarn, Belgien, Rußland, Spanien, Frankreich, England, Sardinien, Algier, Tunis und die Vereinigten Staaten von Nordamerika.

In der Zinkversorgung war England vor dem Kriege stark von der Lieferung Deutschlands abhängig und sah sich nach Kriegsausbruch ganz auf die Deckung seines Bedarfs durch die Vereinigten Staaten angewiesen. Die englische Regierung will im Lande Zinkhütten errichten, in denen amerikanische und australische Zinkerze verhüttet werden sollen. Nur wird es aber nicht ganz einfach sein, in England Zinkraffinerien großen Stils zu schaffen. Das weiß Deutschland und auch Amerika-England sehr genau.

Bleierze sind in Oberschlesien, im rechtsrheinischen, im linksrheinischen und Harzer Bezirk vorhanden. Etwa die Hälfte des Bleibedarfes von Deutschland kam aus Australien, geringere Mengen aus Belgien, Österreich, Spanien und Algier.

Deutschlands Bleiverbrauch erreichte im Jahre 1913 225000 t. Die Erzeugung der deutschen Bleihütten beträgt 180000 t, wovon aber nur 70000 t aus eigenen Erzen gewonnen werden. Von der deutschen Einfuhr entfielen etwa 80 % auf Australien. In England stand einem Verbrauch von 200000 t eine Eigenerzeugung von 30000 t, in Frankreich einem Bedarf von 107000 t eine Gewinnung von 27000 t gegenüber. In Italien betrug das gleiche Verhältnis 37000 zu 12000 t. in Rußland 50000 zu 1000 t.

Die Vereinigten Staaten, Mexiko, Spanien und Australien sind die größten Bleibesitzer der Welt. Nordamerikas Bleiproduktion ist von von 407800 t im Jahre 1914 auf 650000 t im Jahre 1917 gestiegen, in Mexiko fiel sie infolge der Unruhen im Lande von 62000 auf 15000 t. Spanien lieferte etwa 170000 t und Australien, das Deutschland Erze lieferte, 110000 t.

Australien und Amerika haben ihre Hütten vergrößert, so daß voraussichtlich Deutschland nicht mehr Erze, sondern fertiges Blei wird kaufen müssen, sofern nicht Mexiko und Spanien zur Lieferung von Erzen an die Stelle Australiens treten.

Die australische Regierung hat auch eine Gesetzesvorlage eingebracht, derzufolge die Broken Hill-Gesellschaften von ihrem Vertrage zur Lieferung von Bleierz an die deutschen Schmelzereien entbunden wurden. Das Bleierz soll nun in Australien selbst verhüttet werden.

Es ist aber weiter zu berücksichtigen, daß die Schiffe, die nach Australien kommen, unter englischer Aufsicht stehen und vorzugsweise die Waren laden werden, welche England gekauft hat. Deutschland wird wohl nicht mehr derartig auf die fremde Zufuhr angewiesen sein, da ja die Bau- und Luxusindustrie zu zweckentsprechenden metallischen Ersatzstoffen greifen kann. Wenn aber die Schwierigkeiten der Tonnage überwunden sind, dann dürfte ein Bleiüberfluß eintreten, mit dem die deutsche Erzeugung konkurrenzfähig bleiben muß Hier droht den nationalen Werken mehr Gefahr durch die überseeische Einfuhr als der verbrauchenden Industrie die Gefahr des dauernden Rohstoffmangels.

Deutschland hat fast allen Graphit aus Amerika, Ceylon, Mexiko und Sibirien bezogen. Aus Böhmen und Bayern, wo die Fundstätte im Bayerischen Walde nahe der Stadt Passau liegt, kam ein sehr kleiner Teil. Der bayerische Rohgraphit enthält nur 25 bis 30 v. H. Kohlenstoff. Friedrich Krupp und die Hirsch Kupfer- und Messingwerke A.-G. Berlin, haben dort zum Teil umfangreichen Betrieb aufgenommen.

Aluminium wird im allgemeinen aus Bauxit gewonnen, der in Deutschland nur in geringen Mengen bei Passau in Bayern mit etwa 30 v. H. Tonerde vorkommt. Mächtige Lager von 6 m sind bei Mourier in der Beaux de Provence und bei L'Heroult in Frankreich mit 43 bis 78 v. H. Tonerde. Die Bauxitförderung Frankreichs betrug 1910 rund 200000 t, die in großem Umfange in Neuhausen in der Schweiz verarbeitet wurde. Bauxit ist in Dalmatien und soll unter Benutzung der Wasserkräfte der Cetina an Ort und Stelle verarbeitet werden. Große Bauxitlager liegen in Ungarn (Galbiner Tal und Petrosa), in Siebenbürgen, Karst und Krain mit 44 bis 67 v. H. Tonerde. Bauxit kommt auch in den Pyrenäen vor, in Indien, den Vereinigten Staaten, in Südamerika und in Britisch-Guyana.

Aluminium wird auch aus Kryolit hergestellt, dessen Fundstätten hauptsächlich in Grönland, im Ural und in Kalifornien liegen.

Die Aluminiumerzeugung der Vereinigten Staaten ist in den Jahren 1915—17 von 45000 t auf 81000 t gestiegen.

In Deutschland stellten die Lager im Karst 1915 50000 t Erz zur Verfügung, aus denen 14000 t Aluminium gewonnen wurden. 1917 war Deutschland so weit, daß es von der Schweiz unabhängig war. Das Bauxit ist auch durch die heimischen tonerdehaltigen Mineralien ersetzt, die nach dem Verfahren von Bayer zu bearbeiten sind.

Hierzu gehört vor allem billige elektrische Energie, wie sie durch die Wasserkräfte in der Schweiz geliefert wird. Billige elektrische Kraft gehört heute zu den unerläßlichen Grundlagen der Gütererzeugung.

Deutschland verarbeitete vor dem Kriege 260000 t Kupfer. Da die eigene Erzeugung nur 25 bis 30000 t beträgt, ist Erz- und Metalleinfuhr aus dem Ausland erforderlich.

Für die deutsche Kupfererzeugung kommt der Mansfelder Bergbau in Betracht, die Stadtberger Gruben und der Harzer Bergbau. Die anderen deutschen Hüttenwerke verarbeiten fast ausschließlich fremde Erze, die aus Spanien und Portugal eingeführt und von der Duisburger Kupferhütte A.-G. verhüttet werden.

In unseren ehemaligen Kolonien war in Otavi, Deutsch-Südwestafrika, Kupfer von sehr hohem Metallgehalt (16 % Kupfer und 25 % Blei) vorhanden. Im Jahre 1912 wurden fast 45000 t Roherz,

655 t Kupferstein und 400 t Werkblei verschickt. Der gesamte Erz-
und Hüttenbetrieb lag in der Hand der Otavi - Minen- und Eisenbahngesellschaft, Berlin. Nur Mangel an Arbeitskräften hat zu
keiner größeren Ausbeute geführt.

Der Verbrauch an Kupfer verteilte sich zu

    40 v. H. auf die elektrische Industrie,
    30   „   „ Messingwerke,
    15   „   „ Kupferwalz- und -ziehwerke,
    13,5 „   „ Maschinen, Kessel-, Gefäß- und Schalterbau,
                  Armaturenfabriken, Werften, Eisenbahnen,
                  Gießereien,
    1,5 „   „ chemische Fabriken.

Rußland besitzt in den östlichen Randgebieten kupferhaltige
Erzgruben, die der bolschewistischen Regierung nicht unterstehen
und daher weniger gelitten haben als die Unternehmungen Zentral-
rußlands, deren teilweise Sozialisierung die Kupferproduktion sehr
ungünstig beeinflußten. Irgendeine Ergänzung seines Bedarfs wird
Deutschland in nächster Zeit von Rußland nicht erhalten. Die Über-
produktion Amerikas über den Friedensbedarf hinaus, die zur Verzinsung nach dem Weltmarkt drängt, dürfte aber zu einer Material-
knappheit nicht führen.

Wohl aber drohen Gefahren anderer Art, nämlich die Monopolstellung der Vereinigten Staaten von Amerika und England in ihrer
Verbindung mit dem Kupfermarkt. Die führende Gruppe in der
amerikanischen Kupferspekulation ist, wie auf vielen anderen Gebieten
des amerikanischen Wirtschaftslebens, die Standard Oil Co. Die
Aktienmehrheit der größten nordamerikanischen Kupferminen, wie
Anoconda Boston, Montana, ist in ihrem Besitz. Die Amalgamated
Copper Co. und weiter die United Metal Selling Co. sind ihre Gründungen, mit Hilfe deren sie das große Metallhandelshaus Lewisohn
Brother in ihre Hände brachte. In Europa ist sie durch das Lon-
doner Haus C. S. Henry & Co., Ltd. vertreten, das eine Zweigniederlassung in Köln hat. Eine ähnliche Monopolstellung nimmt die
American Smelting and Refining Co. ein, die durch die Fusion von
18 großen Erzschmelzwerken und Raffinationsanlagen gegründet
wurde, eine beträchtliche Zahl Minenaktien in ihre Hände brachte
und von den Guggenheim Bros. geleitet wird. Aber alle diese
Gruppen stehen mehr oder weniger unter Führung der Standard
Oil Co. und gehen mit dieser geschlossen vor.

Damit ist der ganze Kupferexport Amerikas monopolisiert, und
der einzige Abnehmer ist England. Seine Preisbestimmung und Verteilung wird der englischen Verarbeitungsindustrie einen bedeutenden
Vorsprung geben. Die Kontrolle der elektrotechnischen Produktion
liegt in seiner Hand. Die weitere Folge wird die Vorherrschaft in
der Verarbeitung und die Preisfestsetzung für die übrige Welt sein.

Die Tabelle zeigt die Kupfergewinnung der Welt:

Kupfergewinnung der Welt in 1000 t:

Land	1918	1917	1916	1915
Deutschland . . .	40	45	45	35
Spanien, Portugal .	41	42	42	46
Rußland	5	16	81	26
Amerika	848	872	881	646
Kanada	53	41	48	47
Kuba	12	10	8	9
Mexiko	75	47	55	31
Chile	86	83	65	47
Peru	45	46	42	32
Bolivien	4	4	2	3
Afrika	31	45	34	27
Australien	34	38	35	33
Japan	96	111	101	76
Andere Länder . .	25	25	25	25
Zusammen:	1 395	1 435	1 406	1 083

Der Verlust von Lothringen wiederum hat für Deutschland den Verlust von 21,5 Mill. t reichsdeutscher Erze zur Folge. Es bleiben nur 7,5 t eigene Erze übrig, während die Eisenindustrie auf einen Jahresbedarf von 47,2 Mill. t eingestellt war.

Die Gefahr, daß Deutschland eine untergeordnete Stellung unter den Stahlerzeugern erhält, ist vorhanden.

Die Elektrizitäts-, Maschinen- und verwandte Industrien können sich ohne die Belieferung von Erz nicht entwickeln.

Zur Isolierung können statt Gummi und Kautschuk auch andere Isoliermittel verwandt werden. Die Qualität und die Intensität der Produktion leidet aber bei der Verarbeitung solcher Ersatzstoffe. Hier haben die Farbenfabriken vorm. Friedrich Bayer & Co. in Leverkusen das Verfahren zur Herstellung von synthetischem Gummi so vervollkommnet, daß ihr Fabrikat für Hartgummi dem natürlichen Rohgummi gleichkommt. Es ist außerordentlich wichtig, daß das Ausgangsprodukt Kalziumkarbid ist, das in Deutschland in unbeschränktem Maße hergestellt werden kann. Die Erzeugung von synthetischem Gummi war 1918 auf etwa 150 t/Monat gestiegen.

Die gesamte Gummierzeugung der Welt ist:

1918 etwa 240 000 t
1919   „   360 000 „

Der Bedarf des Gummis wird auf 350 000 t geschätzt, und zwar entfallen hiervon auf

die Vereinigten Staaten . . . . . . 220 000 t
Großbritannien . . . . 40 000 „
Frankreich . . . . 30 000 „
Italien . . . . 15 000 „
Kanada . . . . 10 000 „
Japan . . . . 10 000 „
Andere Länder . . . . 25 000 „

Die Ein- und Ausfuhr für 1913 in t betrug für Deutschland:

	Einfuhr	Ausfuhr	Verbrauch
Kautschuk, Guttapercha, Gummi	34 000	12 000	22 000

Am Kautschukverbrauch sind hauptsächlich das Kraftfahrwesen und die Elektrotechnik beteiligt.

Die Einführung von Rohstoffen aus Übersee wird aber auf das höchste erschwert sein. Deutschland hat keine Rohstoff - Kolonien und alle früher erworbenen Rechte im Ausland und Übersee verloren.

Von den überseeischen Rohstoffquellen nach dem Westen ist Deutschland durch die Auslieferung seiner Handelsflotte für mehrere Jahre vom unmittelbaren Verkehr ausgeschlossen. Für die östlichen Rohstoffquellen ist der Landverkehr durch die für Polen festgelegten Grenzen unterbunden und die Flußwege stehen unter der Überwachung der Kommissionen. Die Rohstoffbasis im Inlande aber ist durch die Gebietsabtretungen empfindlich getroffen.

Die Anknüpfung neuer internationaler Wirtschaftsbeziehungen sind erschwert, da Deutschland Souveränitätsrechte nicht besitzt. Seine Kaufleute, die neue Handelsbeziehungen anknüpfen sollen, sind im Auslande bei ihrer Arbeit schutzlos.

In den Handelskreisen der Entente besteht das Streben, den Verkauf nach Deutschland in die Hände der Entente - Industriellen, Handelsfirmen, Reeder usw. zu leiten, um den unmittelbaren Einkauf durch deutsche Kaufleute für die ersten Jahre zu verhindern. Aber auch beim Einkauf deutscher Erzeugnisse, die das Ausland unbedingt braucht, soll der deutsche Kaufmann ausgeschlossen werden.

Bei der Bedeutung, die eine Handelsflotte für das Wirtschaftsleben eines Landes hat, — muß sie doch die Fertigfabrikate herausführen, die Rohstofflager wieder füllen und die Handelsverbindungen wieder anknüpfen, — ist ihr Wiederaufbau eine der wichtigsten Aufgaben.

Es ist weiter zu beachten, daß in Deutschland internationale Kommissionen die Tarife und die Linienführung der Eisenbahnen überwachen, während Elbe, Oder, Weichsel, Donau mit ihren schiffbaren Nebenflüssen und allen Verbindungen internationalisiert werden.

Alle Gebiete, die abgetreten werden, erhalten für eine bestimmte Zeit das Recht, Waren zollfrei nach Deutschland einzuführen. Eine Sicherheit, daß durch dieses Mittel und über diese Wege auch ausländische Waren zollfrei hereinkommen, besteht nicht. Sämtliche

Alliierten erhalten ohne Unterschied in der Zollgesetzgebung das Meistbegünstigungsrecht, das nicht auf Gegenseitigkeit beruht. Damit ist die Handelseinkreisung geschlossen mit dem Endergebnis, daß Amerika und England die praktische Verfügung darüber besitzen, welches Quantum Arbeit jeder deutsche Arbeiter täglich verrichten darf und welches sie ihren eigenen zuweisen, sofern Amerika-England zu der erstrebten Einigung zwischen Kapital und Arbeit kommen.

Daß der Bedarf an elektrischen Maschinen und allen Erzeugnissen der Elektroindustrie steigen wird, ist als sicher anzunehmen und von größter Wichtigkeit, da die Fabrikation darauf einzurichten ist. In der Entwicklung der Elektroindustrie hat der Krieg und wird die Arbeiterbewegung nur eine vorübergehende Störung hervorbringen. Die deutsche Elektroindustrie wird im Auslande nur Erfolg haben, wenn sie bei all den Schwierigkeiten geschlossen mit der Finanz vorgeht und durch eine einheitliche, zusammengefaßte Auslandsvertretung dem Wettbewerb des westlichen Kontinents entgegentritt. Hier wird Deutschland sich Amerika - England gegenüber befinden, deren Ziel nur noch das Weltmonopol ist. Dies zeigen die einheitlichen ungeheuren Exportorganisationen. Diese zeigt die fachliche Konzentrationsbewegung in der Elektrizitätsindustrie sowie die daran anschließende weitgehende Vertrustung. Dieser Konzentrationsprozeß zwingt die deutsche Elektroindustrie zu Gegen- und Vormaßnahmen. Damit ist der Weg für Deutschland klar vorgezeichnet: Zusammenschluß, sofern Deutschland den Weg zu „freier" Entfaltung sich wird bahnen können, der ihm durch die Friedensbedingungen versperrt ist. Zusammenschluß, Verbilligung der Kosten, einheitliche Propaganda, einheitliche Leitung sind das Ziel.

Für jedes Arbeitsgebiet müssen Fachgruppen gebildet werden, die bei allen zu treffenden Maßnahmen für ihr Spezialgebiet den Ausschlag geben. Der Zusammenschluß der Betriebe eines Industriezweiges hat das Ziel, die Wirtschaftlichkeit dieses Zweiges aufs höchste zu steigern, um nach innen die Steuerlasten und nach außen den Wettbewerb mit Erfolg aufnehmen zu können.

Da die amerikanische, englische, japanische und die neutrale europäische Industrie mit billigen Rohstoffen, geringeren Lasten, arbeiten wird als die deutsche, so muß diese ihre Herstellung im Inlande auf das äußerste verbilligen. Eine wesentliche Herabsetzung der Löhne ist nicht möglich, folglich muß die Verbilligung durch vollkommene Materialausnutzung, Betriebsorganisation und durch Reihenherstellung erreicht werden.

Normalisierung, Typisierung und Spezialisierung der elektrotechnischen Industrie im allgemeinen, sowie auf den Gebieten der Maschinen, Transformatoren und der Schwachstromtechnik im besonderen. Zur Erhöhung der Wirtschaftlichkeit gehört die Durchführung einer weitgehenden Normalisierung. Auf ihre Wichtigkeit ist schon seit Jahren in technischen Zeitschriften hingewiesen. In einigen Industriezweigen hat auch bereits untereinander ein Abstimmen der verschiedenen Normalien stattgefunden. Für alle Industriegruppen ist aber durch geeignete Normalienfestlegungen einer Verzettelung der Lagerbestände vorzubeugen, um damit eine erhöhte Wirtschaftlichkeit des Einzelunternehmens sowie der Gruppe herbeizuführen. Die planmäßige Durchführung der Vereinheitlichung der Abmessungen und Formen von Einzelheiten und Beschränkung der Ausführungsformen auf die bewährten, allgemein gebräuchlichen Typen sind also die dringendsten Forderungen.

In der Gruppe wird es auch möglich sein, einen Apparatetyp in der hierzu geeigneten Fabrik herzustellen. Deren Betrieb würde sich auf diese Weise spezialisieren, anstatt in der Ausbildung und Herstellung mannigfacher Erzeugnisse die Kräfte zu erschöpfen.

Wirtschaftlichkeit wird in der Regel auch die Betriebssicherheit verbessern.

Jede Gruppe gebraucht weiter in ihren Versuchsabteilungen einen Stab hochbezahlter Untersuchungsphysiker und Ingenieure, von denen keine sofortigen praktischen Ergebnisse erwartet werden, deren Pflicht es aber ist, neue Gedanken zu entwickeln.

Der Lehrlingsausbildung wird gleichfalls größere Aufmerksamkeit zuzuwenden sein.

Für alle praktischen Zwecke ist der Betrieb zu einer Maschine von höchstem Wirkungsgrad zu entwickeln, die in allen ihren Teilen nach dem Ziele „reichliche Ergebnisse" zu arbeiten hat. Hier liegt ein weites und aussichtsreiches Feld für unsere Betriebsräte vor.

Die zweckmäßigste Form wäre die Zusammenlegung von Spezialfabriken zu Produktionsgruppen, so daß die Gruppe als Ganzes eine Produktionsaufgabe restlos erledigen kann. Bei den Produktionsgemeinschaften werden die an der Gemeinschaft beteiligten Firmen Anfragen oder Aufträge auf ihre Spezialitäten sich gegenseitig überweisen, oder ihre Spezialitäten voneinander unter dem Gesichtspunkte der Meistbegünstigung beziehen. Eine Vertreter-Gesellschaft könnte den Vertrieb und Einkauf für alle Teilhaber übernehmen. Dadurch wieder, daß jedes Unternehmen als selbständige Wirtschaftseinheit bestehen bleibt, wird die Freiheit des Unternehmers erhalten, und die Nachteile des Großbetriebes, die Schematisierung, Bürokratisierung und das Übermaß von Kontrolleinrichtungen werden vermieden, ebenso die Kapitalverschmelzung, wie sie in den Trusts vorliegt.

Die einzelnen Produktionsgemeinschaften werden sich in Verbänden oder anderen Organisationen zu zweckmäßiger Zusammenarbeit vereinigen müssen, soweit sie sich nicht von vornherein innerhalb der bestehenden Verbände befinden.

An die Elektrotechnik werden sich die Maschinenindustrie, das Bau-Ingenieurwesen und die chemische Industrie anschließen müssen. Dies wird notwendig sein, da bei dem Wiederaufbau unserer Weltwirtschaft Deutschland sich in erster Linie auf seine Technik stützen wird.

Der Zusammenschluß der einzelnen Industriegruppen ist weiter nötig, um die Interessen der einzelnen Gruppe und die der Allgemeinheit erfüllen zu können. Für die Industriegruppen wird es leicht sein, die Sammelaufträge in geeigneter Weise zu unterteilen. Wird der Außenhandel einer Industriegruppe selbsttätig aus sich nationalisiert, so wird diese Gruppe nur ein einziger Käufer und Verkäufer sein und ein einheitliches Vorgehen möglich sein, bei dem Verluste vermieden werden können. Diese Wirtschaftsgruppen sind zum nationalen Wirtschaftskörper zusammenzuschließen.

Die Umstellung der deutschen Industrie nach dieser Einheitsfront wird für ihre Stellung im In- und Ausland entscheidend sein. Es werden die vielen Aufgaben, die im Inland und auf sozialem Gebiete bestehen, viel leichter zu bearbeiten sein, und im Ausland wird die deutsche Industrie geschlossen ihren Weg sich bahnen können. Denn das ist wohl in keiner Weise zweifelhaft, daß der Kampf der internationalen Gruppen um eine genügende Rohstoffversorgung vor sich gehen wird und um den Absatz. In den ersten Friedensjahren wird dieser Kampf nicht in der Schärfe in Erscheinung treten, da jeder Staat im eigenen Lande genügende Arbeiten besitzt. Das kann aber nach einigen Jahren anders werden.

Der europäische Kontinent, welcher die Hauptmengen der deutschen Ausfuhr aufgenommen hat, hat während des Krieges im Norden, Westen und Süden eine erstarkte nationale Industrie mit eigenen Neuanlagen geschaffen. Der Osten, Rußland, Österreich und der Balkan sind zertrümmert. Diese werden dort als Käufer auftreten, wo ihnen Kapital oder Kredit gewährt wird. Der sonstige Übersee-Export mußte von jeher finanziert werden. Ohne kräftige finanzielle Unterstützung ist aber die Bearbeitung neuer Gebiete für die Bestrebungen der Industrie beinahe unmöglich. Bank und Industrielle gehören zusammen.

So sind auch bereits im Reichsverband der deutschen Industrie die Pläne zur Gründung eines neuen Kreditinstitutes bearbeitet, die sich an die vollkommen geänderten Verhältnisse anzupassen haben. Auch diese Gründung wird auf dem genossenschaftlichen Prinzip der unbeschränkten Haftung errichtet werden. Die Bank gliedert sich die Wirtschaftsverbände an und gründet neue, soweit dies nötig ist. Sie würde für den Rohstoffveredelungskredit, auf den Deutschland in der Einfuhr angewiesen ist, den Charakter einer zentralen Verwertungsstelle haben. Amerika besitzt in der American International Corp. und England in der British Trade Corp. Institute, deren Aufgabe ja die Finanzierung der industriellen Auslandstätigkeit unter Ausschluß fremden Wettbewerbs ist. Eine derartige Handels- und Finanzierungsbank ist für Deutschland unbedingt notwendig, um den vereinigten nationalen Wirtschaftskörper entsprechend auf dem Weltmarkt vertreten zu können.

Der Wille zur Verständigung in der deutschen Elektroindustrie ist vorhanden, wie die Gründung des Zentralverbandes der deutschen

Elektroindustrie beweist. Der Zusammenschluß im Zentralverband ist vollkommen. Diese Verständigung bezieht sich vor allem auf das Inlandgeschäft. Für das Ausland ist sie nicht ausreichend, da dort als neuer Faktor der Wettbewerb der internationalen Gruppen hinzutritt. Gegen diese muß die Industrie als Deutsche geschlossen auftreten können, was nur durch eine Verkaufs- und Einkaufsgemeinschaft zu erreichen ist. Dann wird auch die deutsche Industrie durch den Kredit ihrer Gruppe und für sie vom Auslande Rohstoffe erhalten, so daß die geschwächte Kapitalkraft der deutschen Volkswirtschaft durch ausländische Kredite gestärkt, und so durch ausländisches Kapitalinteresse der deutschen Ware zugleich der Weg zum Auslandsmarkte erleichtert werde. Hierbei wird zu erwägen sein, wieweit Zweigfabriken im Ausland als Stützpunkte zu errichten sind, und sofern das Ausland für den entsprechenden Zweig bereits eine eigene Industrie geschaffen hat, wird es zweckmäßig sein, den Anschluß an diese Industrien zu nehmen. Dieses Verfahren wird ja auch von Amerika-England in größerem Umfange durchgeführt und auch gegen Deutschland auf dem Wege über das Kapital versucht.

Die kapitalkräftigen Gesellschaftsorganisationen, die zum Zweck der Kapitalanlage in Wertpapieren gebildet werden, dehnen bereits ihr Interesse auf deutsche Werte aus. Die vom Kapital unangreifbare Stellung des Dollars würde so auf einfache und billige Weise in ausgebaute Betriebe hineinkommen. Frankreich und Italien dürften am meisten bedroht sein.

In Tochtergesellschaften, Filialen und Verkaufsstellen, finanzieller Beteiligung an Elektrizitätsgesellschaften und Verkehrsunternehmungen muß die deutsche Elektroindustrie wieder Verbindung mit dem europäischen und überseeischen Ausland nehmen. Dann wird sie auch den unausbleiblichen wirtschaftlichen Schwankungen als geeinter Wirtschaftskörper standhalten können. Dann kann auch selbsttätig von einer Industriegruppe Deutschlands zu einer entsprechenden des Auslandes leichter als bisher eine Verständigung über wirtschafts- und handelspolitische Fragen erreicht werden. Das Operieren zahlreicher wirtschaftlicher Einheiten mit allen Folgeerscheinungen wäre damit beendet.

Für den neuen Kampf des industriellen Wettstreits sind alle Kräfte anzuspannen, um nicht auf dem Felde der Arbeit zu unterliegen. Die Erziehung zu dieser Aufgabe ist von der jetzigen Regierung zu leisten. Die alte hat sie mittels einer starken Landesverteidigung geleistet. Hier wird die neue Regierung einen zweckentsprechenden Ersatz schaffen müssen, auch wenn es die obligatorische Einführung der zweijährigen Arbeitsdienstzeit für unsere Jugend sein müßte. Die Industrie verlangt weiter vom Staat, daß die alten Handelswege ihr wieder geöffnet und neue geschaffen werden, er sich also die Organisationen schafft, mit denen er dem internationalen Wettbewerb entgegenzutreten imstande ist.

Die notwendige Voraussetzung für die Weltwirtschaft, die Deutschland wird treiben müssen, ist aber Industrie und Handelswirtschaft. Eine dem Bedürfnis des deutschen Volkes in seiner Gesamtheit entsprechende Wirtschaftspolitik wird die Ausfuhr von Fertigerzeugnissen und den ungehinderten Bezug von Rohstoffen und Agrarerzeugnissen aus anderen Ländern fordern müssen. Hierbei ist aber zu beachten, daß durchgreifende finanzielle Maßnahmen gegen Deutschland getroffen sind und daß die westliche Mächtegruppe durch vollkommene Beherrschung der wichtigen Rohstoffe in der Lage ist, der Produktion und damit der Absatzmöglichkeit der deutschen Ausfuhrindustrie das Tempo vorzuschreiben. Die außerordentliche Belastung durch die Kriegsschuld, die Friedensschuld und die Kosten des Wiederaufbaues sind Faktoren, die mit zum Nachteil unserer Wettbewerbsfähigkeit wirken müssen.

Die Vorbedingungen für die Aufrichtung des deutschen Wirtschaftskörpers liegen in dem Willen der Sieger und in den Tatsachen des Weltverkehrs und der Neuentwicklung der Wirtschaftsorganisation. Soll die technisch hochentwickelte und leistungsfähige deutsche Industrie nicht wieder in die Weltwirtschaft eingereiht werden, indem gewaltsam in die freie Entwicklung eingegriffen wird, so wird bei Verwirklichung solcher Theorien die Gütererzeugung und der Verkehr in Formen gezwängt werden, an die sich später, die der Ententestaaten wird anpassen müssen.

Es dürfte ziemlich sicher sein, daß die westliche Mächtegruppe eine vorübergehende, aber nicht dauernde Revision ihrer Friedensvertragspläne wird vornehmen wollen, um Deutschland gegen den Osten als Prellbock und im Westen als Milch und Honig gebende Kuh zu erhalten.

Die Überleitung der Volkswirtschaft in normale Verhältnisse geht nicht ohne Reibungen vor sich. Es wird eine geraume Zeit vergehen, bis die Teuerung des Geldes, und die erschwerte Beschaffung der Rohstoffe überwunden sein werden, bis Ordnung, Vertrauen, Sicherheit, Disziplin, Pflichtgefühl und Arbeitsamkeit wiederhergestellt sind, bis auch unsere Arbeiter verstehen lernen, daß ihre Interessen und die des arbeitenden Kapitals vom nationalen Gesichtspunkt dieselben und nicht entgegengesetzt sind. Es ist dies ein weiteres Arbeitsgebiet für unsere Betriebsräte. Deutschland kommt sonst in die Lage, daß der für die Existenz des Volkes unentbehrliche Güteraustausch mit anderen Völkern unmöglich wird und daß die Bevölkerung nicht mehr ausreichend versorgt werden kann.

Von Bedeutung werden die Lasten sein, die der Staat glaubt der Industrie auferlegen zu müssen. Nutzen wird der Staat von der Industrie nur haben, sofern ihr Gedeihen gesichert ist.

Ein statistischer Vergleich zwischen industrieller Leistung und Steuerleistung lehrt, daß jene Länder über die leistungsfähigen Industrien verfügen, die der Steuerleistung durch die Wirtschaftlichkeit der Industrie bedingte Grenzen ziehen. Das gleiche gilt für die Zollsätze. Nicht die erzielbare Höchstsumme an Zöllen darf die Handelsverträge und Zollsätze bestimmen, sondern ihre Förderung oder Hemmung auf die Industrie. Werden die Zollsätze an die industrielle Kalkulation angepaßt, dann darf auch vor Zollausfällen nicht zurückgeschreckt werden.

Der Reichsverband der deutschen Industrie, die landwirtschaftlichen Organisationen und Außenhandelsstellen haben sich mit aller Entschiedenheit gegen die Einführung von Ausfuhrzöllen ausgesprochen. Diese Zölle würden ja auch mit der weltwirtschaftlichen Aufgabe Deutschlands, durch die Ausfuhr die Lasten des Friedensvertrages abzubürden, nicht in Übereinstimmung stehen. Die Preise der Ausfuhrwaren sind aber durch die Ausfuhrzölle auf Weltmarkthöhe nicht zu bringen. Es ist technisch nicht möglich, die Ausfuhrzölle den Bedürfnissen der einzelnen Ausfuhrindustrien anzupassen, und es ist wirtschaftspolitisch nicht möglich, die Ausfuhrzölle nach der Valuta der einzelnen Exportländer abzustufen.

Die Festsetzung der Zölle nach dem Wert der Faktur gemäß dem Werte des augenblicklichen Marktpreises und besondere Zollsätze, die den ungewöhnlichen Verhältnissen auf dem Geldmarkt entsprechen, durch die der Verkaufspreis automatisch auf die Höhe der Friedensparität steigt, sind praktisch undurchführbar.

Die Verschleuderung deutscher Werte ins Ausland wird auch nicht durch Ausfuhrzölle, sondern durch Kontrolle der Ausfuhr und der Ausfuhrpreise zu verhindern sein, was zur Preispolitik der „fachverständigen“ Industriegruppen gehört. Für den Staat wird es auch leichter sein, zu einer Verständigung über die Besteuerung mit seinen nationalen Gruppen zu kommen, als getrennte Außenpolitik zu treiben.

Die allgemeine Entwertung der Valuta ist wiederum ein Hindernis für die Durchführung der buchmäßigen Ausgleichsforderungen und Verpflichtungen des internationalen Handelsverkehrs. Die amerikanischen Banken beabsichtigen schon, das Weltbanksystem zu gründen. Dieses würde bedeuten, daß es vielleicht gelingen kann, das Auf und Ab der Preise und des Goldstandes aufzufangen und die Ursachen des Wechsels empirisch zu erfassen.

Für die Realisierung müßten die einzelnen Länder bereit sein, „eine“ internationale Abrechnungsstelle anzuerkennen und ihr die zur Begleichung der Saldi erforderlichen Goldmengen zur Verfügung zu stellen. Die Schwierigkeiten für Amerika, London hierbei seine Weltmarktstellung abzuringen, sind das gut ausgebildete Londoner Lagerhaussystem, die Organisation des Rohmaterialmarktes, die für die Geschäftswelt stets leihbereiten Banken, das System der umfassenden geschäftlichen Informationen usw.

Praktisch wichtiger und zuerst erforderlich ist aber, den Produktionsprozeß wieder auf die alten, bewährten Grundlagen zu stellen. Hier könnte nur eine internationale wirtschaftliche Verständigung der Arbeiterführer autoritativ wirken.

Für Deutschland steht die Wiederaufnahme des deutschen Handels mit Lateinamerika zurzeit im Vordergrunde des Interesses aller beteiligten Kreise. Die Möglichkeit, alte Beziehungen und auch neue wieder anzuknüpfen, ist in den süd- und mittelamerikanischen Staaten aussichtsvoll.

Die Absatzbestrebungen erfordern aber in erster Linie die wirtschaftliche Ausdehnung nach dem Osten, also eine rein kontinentale Wirtschaftspolitik in Verbindung mit den nordischen Staaten.

Deutschland mit Österreich-Ungarn kann niemals ein geschlossenes Wirtschaftsgebiet bilden wie das britische Weltreich, die Vereinigten Staaten von Amerika und sogar China. Diese Gebiete bedecken geographisch die verschiedenen Zonen, und können so im Laufe der Zeit ihre Selbstversorgung den geographischen Bedingungen anpassen. Der Anschluß an Rußland wird aber Zeit und von der Arbeiterschaft Massenbetriebsleistung erfordern, da Kapital nicht zur Verfügung stehen wird.

Diese Zielrichtung, wo alles auf die Abschnürung unserer Rohstoffversorgung und unseres Außenhandels hinweist, ist aber so deutlich, daß sie von keinem Wirtschaftspolitiker verkannt werden kann. Keine zwei anderen Großmächte der Welt haben eine derartige wirtschaftliche Affinität wie Deutschland und Rußland. Ergänzung der Bedürfnisse, geographische Nachbarschaft, Deutschland eingeschnürt im Westen, Rußland im Osten. Deutschland wird gezwungen sein, sich mit russischem Getreide zu versorgen, Rußland mit deutschen Industrieerzeugnissen. Die Bezahlung kann es nur durch seine Ausfuhr leisten. Deutschland und Österreich-Ungarn werden gezwungen sein, mit Rußland zu einer Zollgemeinschaft oder wenigstens zunächst zu einer Zollbevorzugung zu kommen. Nun ist zu beachten, daß bei den Vereinigten Staaten die Politik immer dahin ging, jede Zollbevorzugung anderer Staaten durch Kampfzölle zu beantworten. Bei den starken Beziehungen, welche die Vereinigten Staaten, wie bereits ausgeführt, an Rußland haben und den Beziehungen, die Deutschland zur Union für den Wiederaufbau wird nehmen müssen, wird der Einfluß Nordamerikas auf die Entschließungen Deutschlands noch sehr hervortreten. Rußlands Handel mit Deutschland und Österreich-Ungarn hat den Handel Rußlands mit dem westlichen Staatentrust Amerika-England und den Neutralen zusammen bedeutend übertroffen. Rußland kann bei regulärer Produktion höchstens ein Drittel seines ganzen Überschusses an Bodenerzeugnissen in diese Gruppe absetzen. Rußland muß zur Wahrung seiner Lebensinteressen seine Bodenerzeugnisse an Deutschland liefern und muß aus demselben Grunde dessen Industrieerzeugnisse in Zahlung nehmen. Dieses wird die Grundlage für eine produktive Handelspolitik zwischen diesen beiden Staaten sein. Anschluß an die Weltwirtschaft wird Deutschland natürlich nehmen und auch erhalten.

Der Weltmarkt kauft und verkauft dort, wo der größte Nutzen erhalten wird. Das ist ein weltwirtschaftliches Gesetz, gegen das mit politischen Mitteln des Friedensvertrages nicht gekämpft werden kann, und der internationale Güteraustausch wird sicherlich bei dem Warenhunger der Welt dort einsetzen, wo zuerst gute und billige Ware zu erhalten sein wird.

Von Wichtigkeit für den nationalen Außenhandel und die Schlagfertigkeit der Industrie wird ein schneller und zuverlässiger Wirtschafts- und Nachrichtendienst sein. Eine Außenhandelsstelle für den wirtschaftlichen Auslandsnachrichtendienst, sowie geschulte Vertreter im Auslande selbst, die unabhängig von jedem amtlichen Apparat arbeiten, ein unabhängiges drahtloses Nachrichtennetz, sind hier die Forderung.

Unsere Hauptmitbewerber am Weltmarkt haben die Bedeutung eines guten Wirtschaftsdienstes längst erkannt und dementsprechend ihren amtlichen Auslandsdienst sorgfältig und mit großen Mitteln ausgestattet und drahtlose Weltnetze neben ihren Kabeln im Bau.

Österreich-Ungarn.

Österreich besitzt Energiequellen.

Von den abschätzbaren Vorräten aller Kohlen Deutsch-Österreichs sind noch eine Anzahl kleiner Braunkohlenlager abbaufähig. Ein größerer Zuwachs zu den Vorräten ist im Fohnsdorf-Knittelfelder Bezirk, im Levantetale, im Wiener Becken und im oberösterreichischen Kohlenbezirk zu erwarten. Im ganzen stehen etwa 335 Mill. t Braunkohlen und Lignit, sowie 7,6 Mill. t Steinkohlen zur Verfügung, wobei das geringwertige Lignit die Hauptmenge bildet. Alt-Österreich aber besaß 28 500 Mill. t.

Steinkohlenlager sind vorzugsweise in der Umgebung von Pilsen und Kladno in Böhmen, von Roßnitz und Boskowitz in Mähren, sowie in dem schlesischen Ostrau-Karwiner Kohlengebiet, das allein mehr als die Hälfte der gesamten Steinkohle des früheren Gesamtstaates geliefert hat. Bei den Braunkohlen liegen die mächtigen Felder des nordwestlichen Böhmens und des Egerlandes im deutschen Gebiete. Sie ergaben im Jahre 1913 rund 84 v. H. der österreichischen Gesamtförderung an Braunkohlen. Innenösterreich besitzt mehrere Braunkohlenlager, vor allem kleinere Braunkohlengruben im westlichen Niederösterreich. Innenösterreich hat einen jährlichen Bedarf von 9,5 Mill. t Kohlen, so daß es bei einer Eigenförderung von 3,9 Mill. t Stein- und Braunkohlen mindestens 5,6 Mill. t seines jährlichen Eigenbedarfes von auswärts beziehen müßte. Die bedeutenden Lager minderwertiger Kohle, Torfmoore, Abgase, wären der Umwandlung in Elektrizität mit gutem wirtschaftlichen Effekt zugänglich, da die Technik der Umformung unverwertbarer Kohlen in elektrische Energie ausgebildet und in die Praxis umgesetzt wird.

Die Kraftquellen für die Erzeugung der Elektrizität sind ungenügend herangezogen. Von den Wasserkräften in den Alpenländern, die jährlich 17 500 Mill. P. S.-Stunden liefern könnten, sind nur 8 % verwertet. Die erheblichen Wasserkräfte an der Elbe, Moldau,

Thaya sind völlig ungenutzt. Bei Berücksichtigung der Lage der Kraftquellen müßte bei rationellem Ausbau von Großkraftwerken eine erhebliche Abschwächung der Kohlennot eintreten. Die Elektrizitätswerke Deutsch-Österreichs aber sind ohne technische Einheitlichkeit verteilt und ihr Wirkungsgrad ist niedrig.

Hier sind nun jetzt eine Reihe von Plänen in Vorbereitung. Für Wien ist der Ausbau der Wasserkräfte dringend. In unmittelbarer Nähe Wiens soll das Donau-Wasserkraftwerk errichtet werden. Bemerkenswerterweise hat ein amerikanisches Konsortium dem Staatsamte für Äußeres Vorschläge auf Finanzierung von Plänen zur Ausnutzung der Wasserkräfte Deutsch-Österreichs gemacht.

Auch sonst hat besonders der Morgan-Konzern die Absicht, an die österreichische Industrie Rohstoffkredite gegen Ausfuhr eines Teils der aus den Rohstoffen hergestellten Waren zu gewähren. An den Staat werden Kredite nicht gegeben.

Die Industriellen Steiermarks haben die steirische Wasserkraft-,,G. m. b. H." gegründet, um die Auswertung der Mur zwischen Puntigam und Werndorf vorzunehmen. Die Jahresleistung soll 95 000 bis 116 000 kW betragen.

Der Ausbau der Ennsstrecke würde unter Berücksichtigung des Nutzgefälles von 89 m eine mittlere Jahresleistung von 110 000 kW ergeben.

Die Tramway- und Elektrizitäts-Gesellschaft Linz - Urfahr ist um die wasserrechtliche Genehmigung für ein Elektrizitätswerk in Sand an der Enns eingekommen. Das Kraftwerk wird mit 14 m Nutzgefälle arbeiten und die Höchstleistung 12 000 kW betragen.

Für das ,,Mühlviertel" in Oberösterreich ist an der großen Mühl eine Kraftanlage in der Strecke von Neufelden—Neuhaus geplant, die bis auf 13 000 kW ausgebaut werden soll.

Eine weitere Aufgabe ist die Elektrisierung der Alpenbahnen. Die Arbeiten der Strecke Landeck—Bludenz, der die Strecken Innsbruck—Landeck und Bludenz—Bregenz folgen werden, sind begonnen. Die Sicherstellung der erforderlichen elektrischen Energie wird vorbereitet.

Ein Hemmungsfaktor für die Privatunternehmung ist nur die Unklarheit über die Stellung des Staates und der anderen öffentlichen Verbände zu der Privatunternehmung die Zurückhaltung der Staatsbehörden bei der Vergebung der Kraftquellen, Lückenhaftigkeit in den rechtlichen Grundlagen des Elektrizitätswesens und die Schwierigkeiten der Kapitalbeschaffung.

Bedenklich könnte die Frage der Roheisenerzeugung sein.

An Eisenerzen sind verfügbar:

Erzberge (Steiermark) rund	206	Mill. t
und minderwertige Erze rund	157	,, ,,
Der übrige sonstige steirische Besitz	21,8	,, ,,
und an Rohwand	154	,, ,,
Im Hüttenberger Bezirk (Kärnten)	13,5	,, ,,
Steiermarks durchschnittliche Jahreserzeugung betrug .	1,8	,, ,,
und ganz Deutsch-Österreichs	2	,, ,,

Die Ausfuhr der Alpinen-Montan-Gesellschaft nach dem gegenwärtigen „Ausland" wird in erster Linie von der Kohlenversorgung abhängen. Eine Verbesserung in dieser Richtung könnte durch die Nutzbarmachung der Wasserkräfte und Torfmoore in den Alpenländern erreicht werden. Die der Alpinen Montan-Gesellschaft betrug vor dem Kriege fast 600 000 t, etwa zwei Drittel der Erzeugung der drei großen böhmisch-mährischen Eisenhüttenunternehmungen: Prager Industrie-Gesellschaft, Witkowitzer Bergbau- und Eisenhütten-Gewerkschaft und Österreichische Berg- und Hüttenwerks-Gesellschaft, die nun nicht mehr zu Deutsch-Österreich gehören werden.

Der Schwerpunkt der Eisenindustrie, namentlich der Halbzeugherstellung wird mit den drei oben genannten Werken, sowie mit den Skodawerken, der Poldihütte, den Ringhofferwerken usw. im tschechischen Staate liegen, ebenso wie die Maschinenbauanstalten in Prag, Pilsen, Brünn, mit bedeutenden Firmen wie Ruston, Breitfeld-Danek, den Prager und den Brünner Maschinenfabriken. Innerösterreichs Maschinenindustrie liegt zum größten Teil im Wiener Becken. Unter fremde Gebietshoheit gelangen auch die Schiffbauanstalten an der Meeresküste. Arbeiten liegen aber vor: Auf dem Gebiete der Elektrochemie, Elektrometallurgie (Erzeugung von Kalkstickstoff, Salpetersäure, Aluminium, Raffination von Kupfer, Elektrostahlerzeugung) u. a.

Eine beträchtliche Belebung des Geschäftes wird die wieder einsetzende Bautätigkeit ausüben. Außer den elektrotechnischen Fabriken leidet unter ihrem Stillstand besonders das Installationsgewerbe. Der Bau von Zentralen, die Herstellung oder Erweiterung größerer elektrischer Anlagen in Fabriken, Amtsgebäuden, sind zurückgestellt. Auch das seit längerer Zeit ausgearbeitete Telephonbauprogramm wartet auf seine Ausführung.

Die Nachfrage nach Elektromotoren, Kabeln und Drähten sowie auch Installationsmaterial trotz teilweise außerordentlich erhöhter Preise wird bedeutend sein, und ebenso nach den Erzeugnissen der Schwachstromfabriken.

So sind die Aussichten der österreichischen Elektroindustrie für die Zukunft nicht ungünstig, zumal da die in Österreich bestehenden industriellen Verbände: der Zentralverband der Industriellen Österreichs, der Bund Österreichischer Industrieller und der Industrielle Klub sich zu einem gemeinschaftlichen Reichsverband zusammengeschlossen haben. Der Anschluß dieser Gruppen an die Deutschlands wird die Zersplitterung innerhalb der Industrie beseitigen und die Grundlage schaffen, geschlossen die gemeinsamen Ziele zu fördern und entgegengesetzte Interessen auszugleichen. Dies wird um so weniger schwer fallen, als bereits die deutsche und österreichische Elektroindustrie stark durchdrungen sind.

Die Firma Siemens & Halske, die seit langem in Wien eine Zweigniederlassung für ihre Schwachstromfabrikate besitzt, hatte nach ihrer Fusion mit der Elektrizitäts-A.-G. vormals Schuckert & Co.,

Nürnberg, auch die Vereinigung ihrer Wiener Starkstromabteilung mit den österreichischen Schuckertwerken, die aus der alten österreichischen Elektrizitätsfirma Kremenetzky, Mayer & Co. hervorgegangen war, durchgeführt. Schließlich wurde in Budapest eine eigene Aktiengesellschaft und in Preßburg eine Fabrik gegründet. Das Arbeitsgebiet der drei Gesellschaften Berlin, Wien und Budapest war genau abgegrenzt. Wien hatte den Export nach dem Balkan mit Ausnahme von Rumänien und die Levante. Konstruktionstätigkeit, Propaganda und geldliche Maßnahmen, die Ergebnisse der Versuchs- und Erfindertätigkeit und die Verwertung der in aller Welt gewonnenen Erfahrungen kommen allen Teilen zugute. Der Einzelne hat dagegen die volle Selbständigkeit seines Handels.

Die Allgemeine Elektrizitätsgesellschaft Berlin hat nach ihrer Verschmelzung mit der Union-Elektrizitäts-Gesellschaft Berlin auch die österreichische Union-Elektrizitäts-Gesellschaft übernommen. Auf dieser festen Grundlage erhielt sie eine wesentlich erweiterte Tätigkeit und auch eine eigene neuzeitige Fabrik, mit deren Hilfe sie die Zollerhöhungen auf elektrotechnische Erzeugnisse auszugleichen vermochte. Ihre Verbindung mit der Boden-Kredit-Anstalt schuf ihr enge Beziehungen zu wichtigen Industrien im Lande.

Auch die Bergmann-Elektrizitätswerke hatten die erwähnten Zollerhöhungen veranlaßt, zur Abwehr innerhalb des Zollgebietes eine eigene großangelegte Fabrik für Maschinen, Isolierrohre, Installationsmaterial, Kabel und Drähte zu gründen. Die Leitung des gesamten Geschäfts für Österreich-Ungarn ist in Wien. Eine Anzahl Zweigbureaus werden unterhalten. -Gearbeitet wird nach den bereits erwähnten Grundsätzen.

Auch elektrotechnische Spezialfirmen haben hier eigene Verkaufsstellen und Fabriken gegründet: Felten & Guilleaume, Mülheim a. Rh., durch Verschmelzung des deutschen Stammhauses mit den Frankfurter Lahmeyer-Werken und Beitritt dieses in den Konzern der Allgemeinen Elektrizitäts-Gesellschaft.

Innerhalb der Akkumulatorenfabrikation wird im engsten Zusammenschluß mit dem Mutterhause — der Akkumulatorenfabrik A.-G., Hagen i. W. — gearbeitet.

Von den großen Schwachstromfabriken ist die Telephon-Fabrik-A.-G. vorm. J. Berliner eine Gründung des bekannten Hannoverschen Hauses. Die oberste Leitung des gesamten Unternehmens, dem auch die Fabrik R. von Lieban, Olmütz, angegliedert ist, liegt in Wien. Die zweite große Schwachstromfabrik, die Vereinigte Telephon- und Telegraphen-Fabriks-A.-G. Czeija, Nissl & Co., Wien, ist aus einem Zusammenschluß mehrerer Wiener Firmen hervorgegangen und gehört einem internationalen Konzern an. Auch hier ist der Grundsatz der technischen Zusammenarbeit streng durchgeführt.

Die wirtschaftliche Annäherung Deutsch-Österreichs wird stattfinden trotz aller Gegenversuche der Entente. Infolgedessen ist in der wirtschaftspolitischen Gesetzgebung bereits jetzt eine möglichste

Annäherung zu erstreben, um die Grundlagen für die spätere gemeinsame Handelspolitik zu besitzen. Dazu sind erforderlich: auf einheitlichem Zollschema vereinbarte Außentarife mit gleichmäßiger Zollgesetzgebung, auf Grund gegenseitigen Einverständnisses Vorzugsbehandlung des wechselseitigen Warenverkehrs, wobei dem besonderen Schutzbedürfnisse einzelner Industriegruppen Rechnung zu tragen wäre. Die engere wirtschaftliche Annäherung muß sich trotz und unter Berücksichtigung der Verschiedenheit der Produktionskosten einzelner Erwerbsgruppen durchführen lassen. Alle Maßnahmen gesetzlicher und verwaltungstechnischer Natur, die zur Entwicklung der Produktion, des Handels, Verkehrs und der Finanzwirtschaft notwendig sind, müssen im Sinne der Vereinheitlichung durchgeführt werden mit dem Ziel, eine einheitliche wirtschaftliche und finanzpolitische Gesetzgebung zu erreichen, trotz der europäischen Ententekommissionen. Die Freiliste der Zolltarife ist unter Wahrung des Schutzes der heimischen Industrie zu erweitern und die wirtschaftlichen Verschiedenheiten sind durch Ausgleichszölle zu berücksichtigen unter sachverständiger Mitarbeit von Industrie, Handel und Landwirtschaft. Außer der Vereinheitlichung des Zollwesens kommt aber auch die Verbesserung und der Ausbau des wechselseitigen Verkehrssystems und der Tarife in Betracht, immer von der Tendenz der Annäherung geleitet. Ebenso wäre ein einheitliches Warenverzeichnis anzustreben. Werden doch auch in den Ententeländern alle Maßnahmen getroffen, um den gegenseitigen Austausch zu erleichtern. Ein gemeinsames Zollsystem und eine Vereinheitlichung der Gesetzgebung werden in bezug auf Patente, Fabrikmarken, Schutz des literarischen und künstlerischen Eigentums usw. bei ihnen vorbereitet.

Um ein möglichst umfassendes Gebiet in die osteuropäische wirtschaftliche Interessensphäre einzubauen, ist es wünschenswert, Osteuropa unter den genannten Gesichtspunkten in die wirtschaftliche Annäherung anzuschließen. Die Förderung ihrer industriellen Produktions- und Ausfuhrinteressen stehen zu diesen Bestrebungen in keinem Widerspruch. Sie werden vielmehr den gegenseitigen Wirtschaftsverkehr reibungsloser verlaufen lassen.

Die Begünstigungen, welche Deutschland und Österreich-Ungarn sich gewähren, werden zunächst nach dem Friedensvertrag als Vorzugszölle allgemein auch für die Entente Gültigkeit haben.

Ungarn.

Der Reichtum Ungarns an Energiequellen ist nicht sehr groß. Die Kohlenvorräte sind bei der heutigen Wirtschaft nur für etwa 170 Jahre ausreichend, und Wasserkräfte sind nur etwa 1,7 Mill. P. S. vorhanden. Der Torfvorrat des Landes beträgt rund 1,2 Mill. cbm. Bedeutung besitzen die Erdgasquellen, die etwa 72 Milliarden cbm umfassen. In Siebenbürgen hatte die ungarische Erdgas-A.-G., eine

Gründung der Deutschen Bank, 30 Brunnen gebohrt mit einer Tagesleistung von 3,7 Mill. cbm. Hier wird aber zunächst das Problem der Gasturbine zu lösen sein. Die praktische Verwendung von Gasturbinen dürfte zurzeit noch Schwierigkeiten haben. Ihre Einführung in Großkraftwerke wird aber später keinerlei Schwierigkeiten bereiten.

Die Elektrisierung der Industrie und der Bahnen ist aber bereits jetzt durchführbar. Auch Ungarn wird hier nach dem Grundsatz zu arbeiten haben, die Kraftwerke an die Energiequellen zu legen und die bestehenden und noch zu errichtenden Werke innerhalb eines zweckmäßig abgegrenzten Gebietes so zu verbinden, daß die Erzeugungskosten ein Minimum werden. Die Energiegebiete waren durch das Handelsministerium bereits zusammengefaßt:

1. Ausnutzung der Wasserkräfte der Drau. Bau der Leitung Zàkàny-Budapest. Kalorische Reserve in den Kohlengruben bei Rata.

2. Ausnutzung der Wasserkräfte der oberen Theiß. Bau der Leitung Huszt—Debreczin—Budapest. Kalorische Reserven in den Borsoda-Kohlengruben.

3. Bau einer Leitung von den Wasserkräften südlich der Maros und von den Zsiltaler Kohlengruben über Arad nach Budapest.

Nun liegen die Wasserkräfte wie die Kohlenbergwerke in Gebieten, auf welche die Rumänen und Südslaven Anspruch erhoben haben. Durch diese Gebietsforderungen verliert aber Ungarn seine Energiequellen bis auf etwa 25°/₀ der Gesamtenergie des Landes.

Die neuen Grenzen werden für Ungarn eine vollständige Umstellung seiner Wirtschaft bringen. Die Eisen- und Kohlengruben und der größte Teil der Waldungen gehören zur Tschechoslowakei, Jugoslawien und Rumänien. Die Industriezweige können an Rohstoffmangel, der neuen Form der Blockade, eingehen, und die Umstellung zur Landwirtschaft kann die Grundlage Ungarns werden. Dem Lande sind folgende elektrotechnische Fabriken geblieben: Ganzsche Elektrizitäts-A.-G., erzeugt hauptsächlich Elektromotoren und Zubehör; Vereinigte Elektrizitäts- und Maschinenfabrik A.-G., Ujpest; Vereinigte Glühlampen- und Elektrizitäts-Ges., Ujpest, Glühlampen (Telephone und Schwachstromartikel); „Metax" Ung. Glühlampen-A.-G. vorm. Joh. Kremenetzky und Felten & Guilleaume, Siemens-Schuckert-Werke, Elektrizitäts-A.-G., Perci & Schucherer, Erste Ung. Kabelfabriks-A.-G., erzeugen elektrische Kabel und isolierte Leitungen; Ericson Ung. Elektrizitäts-A.-G., Telephonfabrik A.-G. erzeugen Telephone und Schwachstromartikel. Alle Werke liegen in Budapest.

Die angeführten Fabriken sind nicht in.der Lage, ein Drittel des Landesbedarfes zu decken.

Isolierröhren, Heizkörper, elektromedizinische Apparate, Sicherungen, Steckkontakte und Ausschalter werden in Ungarn überhaupt nicht erzeugt. Kabel und Meßinstrumente nur in geringen Mengen.

Der Mangel an Elektrizitätszählern ist so groß, daß Budapest fast ohne Zähler steht. Die Verrechnung wird von den Elektrizitätswerken im Pauschalsatz vorgenommen. Das Nachrichtenwesen liegt seit dem rumänischen Einbruch völlig darnieder.

Aus Deutsch-Österreich und der Tschechoslowakei vermag Ungarn zurzeit nur kleine Teile des Bedarfes zu erhalten. Es ist möglich, daß die Tschechen ihre Fabrikation erhöhen und auf dem ungarischen Markt stärker Eingang erhalten.

Für Deutschland ist dringend notwendig, die Ausfuhr zu erleichtern, die Transportverhältnisse zu verbessern und die Valutafragen oder deren Überweisungsmöglichkeit zu regeln. Budapest kann Umschlageplatz für den Handel nach dem Balkan und dem Orient werden, da die Türkei, Rumänien und Serbien auf Grund der geographischen Lage in Ungarn nicht ungern kaufen.

Rumänien.

Rumänien und seine Industrie dürfte nach Zuteilung der beanspruchten Gebiete dank seinen günstigen Naturverhältnissen eine bedeutsame Entwicklung nehmen.

Energiequellen sind in Form von Kohle und Erdöl vorhanden. Die Erdölgebiete Rumäniens sind bekannt, die Kohlengebiete liegen in der Walachei und der Dobrudscha. Auf die Erdölgebiete sucht Amerika Einfluß zu erhalten. Die jährliche Förderung beträgt etwa 230000 t und hat dieselbe Höhe wie die Kohleneinfuhr.

Die Bedingungen für die Entwicklung zur Großindustrie sind gleichfalls vorhanden. Das Eisenbahnnetz ist geordnet, wenn auch noch wenig ausgebaut und die sonstigen Verkehrswege sind günstig.

Zu Beleuchtungszwecken wird die Elektrizität bereits im ganzen Lande benutzt; jede bedeutendere Stadt hat ihr Elektrizitätswerk. Elektrische Bahnen gibt es erst in Bukarest, Jassy, Braila und Galatz. Für die elektrische Kräfteübertragung sind die Erdölgruben das wichtigste Energiegebiet. Schon vor dem Kriege ist auf den rumänischen Werken für die Schöpf- und Bohrhaspel fast ausschließlich elektrischer Antrieb angewandt worden. Hier sind von der Fördertechnik größere Aufträge zu erwarten.

In Zukunft werden die Handelsmöglichkeiten Englands günstiger sein, einschließlich Serbien, Bosnien und der Herzegowina.

Neben Italien suchen auch die Schweizer Elektrizitäts- und metallurgischen Firmen Fuß zu fassen, um die Wiederinstandsetzung der elektrischen Anlagen und Fabriken durchzuführen.

Für *Serbien* sei kurz darauf hingewiesen, daß für alle Arten von Maschinen zollfreie Einfuhr und eine Eisenbahnfrachtermäßigung von 25 v. H. gewährt wird.

Bulgarien.

Amerika macht große Anstrengungen, um in Bulgarien Boden zu gewinnen. In der Hauptsache werden Automobile, Motore, Maschinen von ihnen angeboten. Amerika wird auf die Dauer Erfolge gegen die mitteleuropäischen Länder wohl nicht behaupten können.

Griechenland.

Griechenland ist durch den Krieg ein reiches Land geworden, das auf ausländische Kredite nicht mehr in dem Maße angewiesen sein wird.

Griechenland hat seine Fläche und Bevölkerung seit 1912 verdoppelt, besitzt eine durchgehende Eisenbahnverbindung nach Mitteleuropa und die wichtige Handelsstadt Saloniki. Schiffahrt, Handel und Landwirtschaft werden die Grundlagen seiner Volkswirtschaft sein.

In Griechenland fehlt es an Steinkohlen und Petroleum, deren Import aus Rußland und Rumänien kommen wird. Das Land selbst besitzt in den zahlreichen Wasserfällen in den mazedonischen Provinzen eine reiche Ersatzquelle für das fehlende Brennmaterial.

Zur Ausbeutung dieser natürlichen Gefälle müssen aber erst gründliche wasserkraftwissenschaftliche Studien an Ort und Stelle gemacht werden.

Von den vorhandenen Wasserkräften sind bisher nicht mehr als 6300 P. S. ausgebaut, verfügbar aber sind folgende:

Ostrowo-See (Voda-Fluß mit 3 Dämmen bei Vladowo-Vodena und dem Divies-Fluß) . . .	34 000 P. S.
Axios-Fluß	40 000 „
Aliakmon-Fluß	3 000 „
Moussa-Fälle	4 000 „
Verrin-Fälle	2 000 „
Gorgopotamos-Fälle	2 000 „
Reneos-Fälle	3 500 „
Strymon-Fälle (ungefähr)	3 500 „
Andere Wasserfälle und Flüsse	10 000 „
Insgesamt:	102 000 P. S.

Die größeren dieser Wasserkräfte sollen vom Staat selbst ausgebaut werden, oder der Staat wird das Ausbeutungsrecht Privatgesellschaften erteilen.

Lieferung von Turbinen und alle einschlägigen Konstruktionen zur Regelung der Gefälle werden hier in Frage kommen. Es ist anzunehmen, daß die Schweiz in allererster Linie für die Inangriffnahme der griechischen Arbeiten in Betracht kommen wird. Politische Gründe werden hierfür maßgebend sein, und die Schweiz besitzt auch auf diesem Gebiete praktisch erprobte Ingenieure. England sucht Anschluß an den griechischen Markt zu erhalten. Für elektrotechnische Erzeugnisse ist in Griechenland Bedarf vorhanden. In derselben Richtung arbeitet auchFrankreich und dieVereinigten Staaten.

Für die wirtschaftliche Reorganisation wird aber in erster Linie noch eine Verbesserung der Verkehrsmittel erforderlich sein. Neue Verkehrswege werden allgemein den Staaten-Neugründungen am Balkan, ihren Bedürfnissen entsprechend, Anschluß an die großen mitteleuropäischen Eisenbahnnetze geben müssen. Für den Ausbau ihrer Eisenbahnlinien werden aber Serbien, Rumänien und Bulgarien die Nachbarstaaten zur Mitarbeit heranziehen müssen.

Türkei.

Die Aussichten für den deutschen Ausfuhrhandel nach der Türkei sind nicht vielversprechend. Die Türkei ist ein rein landwirtschaftliches Land ohne Industrie und Verkehrswege. Die Bevölkerung selbst anspruchlos und wenig kaufkräftig.

Wohl ist der Mineralreichtum des Landes bedeutend, seine Ausnutzung kann aber aus Mangel aller Vorbedingungen und Verkehrswege nicht vorgenommen werden.

Die Türkei muß landwirtschaftlich entwickelt werden, und erst in zweiter Linie kommt Industrie und die Entwicklung des Bergbaus.

Die Aussichten für die Elektroindustrie sind daher nicht günstig. Eine Statistik, welche einen gewissen Überblick über die bisherigen Einfuhrzahlen gewähren könnte, ist nicht vorhanden. Schätzungen des elektrotechnischen Friedensbedarfs führen auf etwa 2 Mill. M. In die Lieferung teilen sich alle Industriestaaten der Welt.

Elektrische Anlagen und Zentralen sind nur wenige vorhanden, Elektrizitätswerke und Bahnen befinden sich in Konstantinopel, Beirut, Damaskus und Jerusalem. Konzessionen sind für Trapezunt, Smyrna und Bagdad erteilt. Die Anlagen sind klein und ohne Aussicht auf erhebliche Vergrößerung. Große Städte, welche für Zentralen noch in Betracht kommen, gibt es nicht. Von den elektrischen Bahnen waren mehrere Projekte vor dem Kriege der Ausführung nahe. An den elektrotechnischen Unternehmungen ist belgisches, an der Telephongesellschaft englisch-amerikanisches, an der Straßenbahn deutsches Kapital beteiligt.

Das Netz der Telephongesellschaft in Konstantinopel umfaßt außer Stambul, Galata und Pera die zahlreichen Vororte auf der europäischen als auch asiatischen Seite des Bosporus, die Ortschaften am Marmarameer längs der anatolischen Eisenbahn und die Prinzeninseln. Im Jahre 1915 waren 4206 Telephonstellen vorhanden, im Jahre 1916 4401. Mit der Zunahme der Handelstätigkeit wird auch der Bedarf nach Anschlüssen steigen.

Im elektrischen Installationsgeschäft und Beleuchtungskörper für Haus- und Wohnungseinrichtungen wird infolge des Petroleummangels auf Absatz zu rechnen sein, sofern gute Zahlungsbedingungen gewährt werden können. Auch das Motorengeschäft wird bei lebhafter Propaganda zu heben sein, da der Konstantinopler Gewerbetreibende die Zuverlässigkeit des elektrischen Betriebes allmählich begreift und die Wertschätzung der Maschine demgemäß steigt.

In der Provinz haben die meisten in den vorhergehenden Jahren erteilten Konzessionen sich als nicht finanzierbar erwiesen. Nun haben einzelne Stadtbehörden die unrealisierbare Basis der Konzessionsvergebung verlassen und beschlossen, in eigener Regie mit eigenen Mitteln kleinere Werke zu schaffen.

Ein großes Werk, das die Einfuhr fördertechnischer Artikel nach der Türkei in größerem Umfange benötigen wird, ist die Verlegung des Hafens von Konstantinopel, der von der türkischen Regierung geplant wird. Das „Goldene Horn" ist unzureichend, da Platz für zweckentsprechende neuzeitige Lagerhäuser und Kaianlagen fehlt.

Für die neuen Hafenanlagen ist der südliche, am Marmarameer gelegene Teil Stambuls in Aussicht genommen. Hier ist Platz zu 3 km langen Kaianlagen vorhanden, wo sich Lagerräume, Krananlagen usw. erheben können. Zum Bau dieser Anlage, zur Gewinnung und Fortschaffung der erzeugten Bodenprodukte werden ständig fördertechnische Hilfsmittel gebraucht werden. Die Türkei wird als Agrarstaat sich in steigendem Maße zur Mühlen-, Öl- und Baumwollindustrie entwickeln. In noch höherem Maßstabe werden fördertechnische Artikel gebraucht werden, wenn der Abbau der anerkannt wertvollen türkischen Mineralschätze nach neuzeitlichen Grundsätzen begonnen wird. Nicht nur Eisenerze, auch Kupfer, Quecksilber, Antimon, Arsen, Nickel, Gold und Kohle finden sich in reichen Lagern, deren Abbau sicher in nicht zu ferner Zeit beginnen wird. Hier muß die Technik an fast allen Stellen einsetzen und gleichzeitig Wege für einen schnellen und bequemen Abtransport des Fördergutes anlegen.

Nur durch Anlage neuer Kapitalien kann das türkische Wirtschaftsleben vorwärts kommen. Die erste Arbeit werden also die Banken leisten müssen. Hier wird wohl besonders Frankreich in Frage kommen, das schon gegen 2 Milliarden M. arbeiten ließ. Schließlich ist auch zu beachten, daß der größte Teil des türkischen Handels und Verkehrs in griechischen Händen ist, soweit nicht überhaupt Westeuropäer denselben in Händen halten.

Die Frage des türkischen Handels muß mit der des ganzen Balkans betrachtet werden. Ein gewisser. ständiger Absatz auch elektrotechnischer Erzeugnisse ist dort sicher. Derselbe wird aber zunächst weder groß sein, noch wird er schnell steigen.

Die Umstellung der slavischen Hauptstaaten.

Die Tschechoslowakei.

Die Elektrisierung muß, da Naphthagruben fehlen und die Kohlen früh erschöpft sein werden, schnell durchgeführt werden.

Ein Elektrizitätsgesetz ist beschlossen, in welchem die Maßnahmen zur Erzeugung der für die Republik erforderlichen elektrischen Energie zusammengefaßt werden. Der gesamte Jahresbedarf an elektrischer Kraft in der tschechoslowakischen Republik beträgt etwa 2,5 Milliarden kWh. Diese Leistung soll aus einem Einheitsnetz entnommen werden. Die Wasserkraft- und Wärmekraftwerke werden von gemischten Gesellschaften, deren Mitglieder der Staat, das Land, die Bezirke, Gemeinden und Privatkapital sein werden, errichtet. Das Privatkapital darf jedoch 40 v. H. des gesamten Gesellschaftskapitals nicht übersteigen.

Das ganze Gebiet der Republik soll ein Netz mit 100 000 Volt erhalten.

Für Mittelböhmen ist im Nordböhmischen Braunkohlengebiet ein Dampfkraftwerk von 100 000 P. S. vorgesehen, dessen Leistungen nach Prag geleitet werden. Auf dieses Netz werden auch die Wasserkraftwerke in Mittelböhmen arbeiten. In Südböhmen werden die Südböhmischen Elektrizitätswerke A.-G. die Stromversorgung übernehmen. In Westböhmen der Westböhmische Elektrizitäts-Verband G. m. b. H., der auch den Bau großer Wasserkraftwerke plant. Der Elektrizitätsverband der Mittelbezirke G. m. b. H. wird zusammen mit der Elektrizitäts-Genossenschaft in Königgrätz und dem Parschnitzer Kraftwerk Ostböhmen mit Strom versorgen. Die Mährisch-Schlesischen Elektrizitätswerke A.-G. in Mährisch-Ostrau werden in diesem Gebiete ein Großkraftwerk erbauen, und später die Wasserkräfte der Mohra ausnutzen. West- und Mittelmähren werden von den Elektrizitätsgesellschaften in Prerau elektrische Energie erhalten.

Weitere geplante Kraftwerke in der Tschechoslowakei sind: ein Kraftwerk in Frauenburg, eine Wasserkraftanlage in Kaaden, sowie der Ausbau des Elektrizitätswerkes in Schröttendorf.

Der Bau des Netzes ist auf ungefähr 20 Jahre, der Bau der Wasserkraftwerke auf 50 Jahre verteilt. Außerdem sollen Wasserkraftwerke an allen Flüssen errichtet werden.

Zur Ausbeute des Kupferbergbaues in Wernersdorf bei Trautenau in Böhmen ist eine Gesellschaft gegründet. Es sind über 6 Mill. m/Ztr. Erze vorhanden bei einem durchschnittlichen Kupfergehalt von 2,74 %. Fast $^9/_{10}$ der Eisen- und Metallindustrie der ehemaligen österreichisch-ungarischen Monarchie befinden sich im Besitze des tschechoslowakischen Staates. Der innere Markt wird natürlich für die Industrie zu klein sein. Der Frieden von St. Germain gestattet daher, mit Deutsch-Österreich Handelsverträge mit besonderen Begünstigungen abzuschließen, welche gegenüber den anderen Staaten, also Deutschland, keine Geltung haben.

Auch die Tschechoslowakei sucht auf dem Wege des Kompensationsverfahrens in Warenaustausch mit dem Weltmarkt zu treten.

Bei dem Kompensationsverfahren werden die Preise im Produktionsland bestimmt, denen 1 % Spesen zugeschlagen werden. Der Preis wird durch die Regierung des liefernden Staates geprüft, die Rechnungen durch die Auslandsvertreter des Empfangslandes mit unterzeichnet. Am Monatsschluß werden die Konten abgeschlossen, und die Unterbilanzen durch Schatzwechsel, zahlbar in 6 Monaten, getätigt.

In England sucht die Tschechoslowakei Rohstoffe. Von Frankreich hat sie 75000 t afrikanische Rohphosphate für 1920 zugebilligt erhalten. Amerika wünscht

```
Magnesit, monatlich . . . . . . 100—150 000 t
Karbid, monatlich bis zu  . . .       10 000 „
```

und bietet dafür Rohkupfer, Antimon, Zink, Aluminium, Messing und Baumwolle. Nordamerika wird dieses Geschäft auf Jugoslavien und den ganzen Balkan ausdehnen. Der Transport geht über Triest und Hamburg. Auch Schiffe gehen unter eigener Donau-Flagge. Zurzeit besitzt die Tschechoslowakei schon etwa 120 Dampfer und 70 Warenboote. Preßburg ist als Handelsbasis gedacht für die Donau, Moldau und Elbe. Die Interessen der Tschechoslowakei erstrecken sich im Westen bis nach Brasilien, im Osten nach China und Japan.

Der Ein- und Ausfuhrhandel ist nicht der privaten Entschlußkraft überlassen, sondern es sind hierfür Gruppen geschaffen, die von der Regierung stark unterstützt werden. Diese Export-Organisationen sind gleichzeitig durch eine Organisation des inländischen Marktes ergänzt.

Bei diesen Bestrebungen ist nur eins fraglich, ob die tschechoslowakischen Firmen auch die Aufträge, die sie übernehmen, ausführen und die Lieferfristen werden einhalten können. Hier werden sicherlich schon manche Erfahrungen gemacht worden sein. Zu berücksichtigen ist, daß der junge Staat sich noch in einem Übergangszustande befindet. Auch das öffentliche Leben ist nicht frei von Korruption und das gegenseitige Mißtrauen wirkt auf die wirtschaftlichen Aufgaben des Landes zurück, von denen im wesentlichen noch keine einzige gelöst ist.

In der Elektroindustrie sind einige Neugründungen entstanden. Es ist eine Gesellschaft für Telephon- und Telegraphenapparate gegründet. Die „Telegraphie" hat auch eine Fabrik für Schwachstromapparate in Nordböhmen und einen Spezialbetrieb für die Erzeugung von Volt- und Ampèremetern, sowie sonstiger einschlägiger Artikel in Mähren. Der Verkauf bleibt vorläufig größtenteils auf das Land selbst, Polen und Jugoslawien, beschränkt. Die Fabriken der Firma J. Berliner in Olmütz sind übernommen und werden vergrößert. Die Errichtung einer Glühlampenfabrik in Prag ist geplant. Der Jahresbedarf an Glühlampen beträgt 40—60 Mill. Stück. Die Glühlampenfabrik soll 15—20 Mill. Stück liefern. Am Elektromotorenmarkt ist der Bedarf groß. Große Not herrscht in kleinen Motoren von $^1/_8$—$^1/_2$ P. S. Dieser Mangel an Ware hat natürlich auf die Preise eine entsprechende Rückwirkung. Die Firma Elektro Material G. m. b. H. Brünn ist ein Unternehmen der Bodenbank und einiger Kapitalisten.

Bedarf ist an Kupfer nnd Ausrüstungsgegenständen elektrischer Beleuchtungsanlagen, in Telegraphen- und Telephonapparaten.

Polen.

Von Bedeutung kann auch die Entwicklung Polens, seiner Industrie und seines Handels werden. Die polnische Industrie wird zur hochwertigen Facharbeit übergehen und dem Ausbau der Fabrikorganisation, Einführung neuzeitiger Arbeitsmethoden und Maschinen, Anschaffung moderner Kraft ihre Sorgfalt zuwenden müssen. So ist das Streben Polens nach Galizien und Oberschlesien zu verstehen: Es will die erforderlichen Kraft- und Rohstoffquellen zum Leben erhalten.

Polen gebraucht etwa 15 Mill. t Kohlen. Durch die Besetzung neuer Gebiete im Osten und Westen nimmt der Bedarf zu. Polen und Frankreich wissen auch genau, daß die Vorbedingungen für den Aufbau der polnischen Industrie der Besitz Oberschlesiens ist.

Oberschlesien liefert für das Deutsche Reich 25 % des Verbrauchs an Steinkohle und etwa 50 % der inländischen Erze. Der Versuch Oberschlesien Polen zuzuschieben, ist weltwirtschaftlich nicht zu verstehen.

In Oberschlesien sind während des Krieges zwei neue große Bergwerkskraftwerke gebaut auf dem Schacht der Gräflichen Schaffgotschen Verwaltung in Bobrek bei Beuthen und auf der Prinzengrube der Fürstl. Pleßschen Verwaltung bei Kattowitz. Nach vollem Ausbau werden sie eine Leistung von 30 000 bis 50 000 kW besitzen. Sie werden die Energieerzeugung für eine große Zahl benachbarter Berg- und Hüttenwerke zusammenfassen und vor allem die minderwertige Kohle mit hohem Gehalt an Asche und Schlacke verwenden.

Nach den Schätzungen bedecken die Kohlenvorräte Galiziens 770 qkm, abgesehen von Erdöl. Die Kohle ist den besten oberschlesischen Kohlen gleichzustellen.

Das deutsche und das österreichisch-ungarische Kapital, das sich in der galizischen Erdölindustrie stark betätigt, wird nunmehr durch das französische verdrängt.

Mancherlei Aufgaben sind auf elektrotechnischem Gebiete zu bearbeiten. Zurückgeblieben ist in Polen selbst das Fernsprechwesen. Ein umfangreiches und wichtiges Projekt ist der Bau elektrischer Straßenbahnen und Überlandbahnen im polnischen Gruben- und Hüttenbezirk, welche die zahlreichen und stark bevölkerten Städte, Dörfer, Hütten und Bergwerke miteinander zu verbinden hätten. Die öffentlichen Elektrizitätswerke und Fernsprechanlagen der polnischen Städte sind unzureichend und vernachlässigt und stehen in keinem Verhältnis zu den Bedürfnissen, die sich aus der industriellen Entwicklung ergeben haben. Die Ursachen waren gar keine oder nur sehr beschränkte Selbstverwaltung und die Verwaltung durch Rußland.

1919 wurde als erstes größeres Unternehmen in Warschau eine Kraft- und Licht-Gesellschaft gegründet zur Errichtung von Elektrizitätswerken. Sie hat die bisher unter deutschem Einfluß stehenden

Werke in Pruszkow, sowie die Anteile des Kraftwerkes in Sosnowice übernommen. An verschiedenen Orten sollen neue Werke eingerichtet und ein Netz von elektrischen Kleinbahnen angelegt werden.

Auf den galizischen Werken ist noch immer eine große Zahl von Dampfhaspeln, die einen wenig wirtschaftlichen Betrieb ergeben. Hier sind bereits große Anlagen in Bau genommen, um sie durch elektrisch betriebene Haspel zu ersetzen.

Polen wird voraussichtlich erhebliche Einkäufe von Maschinen und Werkzeugen aller Art vornehmen müssen.

Die neugebildete Rade Elektrotechnicza (Elektrotechnischer Rat) beim polnischen Handelsministerium will die Durchführung der Elektrisierung Polens vornehmen. Hierzu wurden zur Ausarbeitung des dem Reichstag vorzulegenden Elektrisierungsstatuts und eines Planes für die allgemeine Elektrisierung des Landes bereits zwei Kommissionen gewählt.

Warschau besitzt bereits einen elektrotechnischen Wirtschaftsverband, mit dem die deutschen und österreichischen Interessenvertretungen der elektrotechnischen Industrie Fühlung nehmen können. Im Oktober 1919 haben die polnischen Behörden die Gründung eines russischen Genossenschaftsverbandes in Warschau gestattet, der mit den polnischen Genossenschaften in Verbindung steht. Nach Athen haben sie schon eine Handelsvertretung gelegt. Polen hat durch den Dnjestr Zutritt zum Schwarzen Meer. Die polnischen Waren würden also dort von der britischen Handelsflotte übernommen werden. England hat ja auch das Ziel, die gesamte Donauschiffahrt in seinen Händen zu monopolisieren. So hat ein englisches Konsortium die Mehrheit der Aktien der Ungarischen See- und Flußschiffahrts-A.-G. sowie der rumänischen Flußschiffahrt erworben. Es beabsichtigt weiter den Ankauf aller Schiffe des jugoslavischen Schiffahrtssyndikats und den Erwerb einer Reihe jugoslavischer Schiffahrtskonzessionen. An allen wichtigen Plätzen sollen neuzeitliche Hafenanlagen errichtet werden.

Wie die polnische Industrie sich nach dem Westen, statt nach dem Osten umstellen will, muß abgewartet werden.

Rußland.

Rußland ist das erste Kolonisationsland, das in Europa in Bearbeitung zu nehmen ist. Die Grundlagen zur Elektrisierung des Landes sind vorhanden, da Rußland reichliche und billige Wasserkräfte, weite Torfmoore, Braunkohlenlager und Petroleumfelder besitzt. Die Torflager übertreffen die aller übrigen europäischen Länder. Sie bedecken allein im europäischen Rußland eine Fläche von 38 Mill. ha, in Finnland 7,4 Mill. ha, während Deutschland nur 8 Mill. ha besitzt. Die ergiebigsten sind in der Nähe von Wladimir und Moskau, die der dortigen Industrie als Energiequelle dienen.

Der Reichtum Rußlands an mechanischer Wasserenergie ist noch größer.

Der Ausbau der finnischen Wasserkräfte mit elektrischen Großkraftwerken wird für die Versorgung des Petersburger Bezirks mit elektrischer Energie die Grundlage bilden. Die Werke in Petersburg, Libau, Pernau, Riga usw. sind auf Kohlenzufuhr über See angewiesen. Da die hauptsächlichsten russischen Kohlenbergwerke im Süden liegen, waren die Frachten für Inlandkohle schon vor 1914 zu hoch, und die Inlandkohle konnte demzufolge dem Wettbewerb mit der ausländischen nicht standhalten. Die Elektrizitätswerke, Gasanstalten, Wasserwerke, Straßenbahnen usw. sind demnach in ungünstiger Lage. Es wird zur zwingenden Notwendigkeit bei der großen Bedeutung dieses Bezirkes, von den Wasserkräften Finnlands aus die Versorgung mit elektrischer Energie vorzunehmen, die auch die Möglichkeit bieten würden, die Bahnen im Bezirk von Petersburg zu elektrisieren.

Die Seen südlich Uleaborg - Kajana stehen so miteinander in Verbindung, daß sie riesige natürliche Staubecken bilden. Ihre Wasser stürzen auf der kurzen Strecke von 50 bis 100 km in mehreren Stufen nach dem Meere mit einem Gefälle von 80 bis 150 m. Die Kräfte an den vier Hauptausflußstellen werden mit über 1 Mill. P. S. geschätzt, bei 3 Mill. P. S. im ganzen Lande. Wegen der vielen Stromschnellen sind schwierige Bauten für den Ausbau erforderlich. Es wird also nur ein Teil der Kräfte tatsächlich nutzbar gemacht werden können.

Die Wasserkräfte werden die Antriebskraft für Sägewerke, Holzstoff-, Papier- und Holzwarenfabriken liefern.

Finnland ist politisch bestrebt, sich gegen die Entente weite Bewegungsfreiheit zu sichern. Sein Zolltarif ist schutzzöllnerisch angelegt mit dem Ziel, durch Ein- und Ausfuhrverbote und Erlaubnisse Nahrungs- und Genußmittel im Lande zu behalten, Holz und Holzerzeugnisse dagegen ohne Verschleuderung auszuführen.

Die Kohlenzufuhr, die vor dem Kriege jährlich 300 000 t betrug, ist 1919 stark gesunken. Die Mehrzahl der finnischen Werke ist aber noch auf Kohlenbetrieb eingestellt.

In Deutschland ist vom deutsch-russischen Verein ein „Deutsch-finnischer Verein zur Pflege und Förderung der Handelsbeziehungen“ abgezweigt, dem sich ähnliche Vereinigungen in den Hansastädten anschließen.

Estland verfügt über große Lager von Tonschiefer in der Nähe der Küste bei Wegenberg. Der gesamte Vorrat wird auf 1,5 Milliarden t geschätzt. Das Gestein enthält große Mengen von Öl. Der Heizwert beträgt 50 bis 60 v. H., der Preis nur etwa ein Viertel von dem der Kohle. Der estländische Staat hat bereits an verschiedenen Stellen mit der Ausbeutung der Lager begonnen.

Durch Ausbau der Wasserkräfte des Bjelala, des Tchusowaja, sowie der in zahlreichen Seen aufgespeicherten Wassermengen könnte das erzreiche Uralgebiet erschlossen werden. Im Südwesten werden die auf etwa 37 km verteilten 9 Fälle des Dnjepr bei Jekaterinoslaw auf 150000 kW geschätzt. Diese Kraftquelle liegt im Zentrum des südrussischen Erzbezirks. Die ganze Wasserkraft des Dnjepr würde bei reicher Ausnutzung eine elektrische Energie von mehr als 1 Mill. P. S. erreichen. Diese könnte in die Städte Scharkow, Tanganrog, Rostow a. D., Nikolajew, Odessa, Kiew und ins Donez-Gebiet geleitet werden. Das Projekt wäre im Laufe von 5 bis 6 Jahren zu verwirklichen. Hier müßte dem Staat privates Kapital zu Hilfe kommen. Auch ausländisches Kapital könnte unter gewissen Bedingungen herangezogen werden. Der südliche Lauf des Bug und der Dnjestr bei Jampol führen bedeutende mechanische Energie in ihrem Lauf.

Der Ausbau der Wasserkräfte in Turkestan, das an Trockenheit außerordentlich leidet, in Verbindung mit Bewässerungsanlagen könnte die dortige Textilindustrie, die Rußland zur Hälfte mit Baumwolle versorgt, zu hoher Entwicklung bringen.

Mit dem Wasserkraftausbau der Flüsse wäre der Vorteil verbunden, daß bei dem Mangel an Eisenbahnlinien und guten Straßen wertvolle neue Verkehrswege geschaffen würden.

Daß zurzeit das Eisenbahnwesen völlig desorganisiert ist, zeigt die Tabelle der Abwärtsbewegung von 1916—1919:

| | Lokomotiven | | Eisenbahnwagen | | | | | | | | | |
Jahr	Neue	Reparaturen	Personenwagen	Güterwagen	Plattformwagen	Kesselwagen	Kühlwagen	Div.Wagen	Straßenbahnwagen	Reparatur v.Personenwagen	Reparatur von Güterwagen
1916	375	—	319	11 089	2 278	540	—	53	46	—	—
1917	249	—	288	7 227	1 077	230	193	5	10	—	—
1918	103	—	119	3 457	246	469	181	—	6	—	—
1919	45	25	54	858	164	88	20	—	—	—	1 003

Der Zerfall ist nicht nur auf unzureichende Verwaltungsmaßnahmen und verringerte Leistung zurückzuführen, sondern auch auf den häufigen Wechsel der Verwaltungsformen und -Organe.

Für die Verwirklichung derartig großzügiger Pläne ist die Finanzierung das Entscheidende. Die Ausführung der großen Anlagen würde unbedingt das aufgewendete Privatkapital genügend verzinsen und amortisieren. Als Geldgeber kommen die Vereinigten Staaten, England, Frankreich und Japan in Betracht. Deutschland kann nur mit Menschenkraft in Wettbewerb treten.

Die russische Wirtschaft wird aber aus dem Entente-Kapitalzufluß wenig Vorteil haben, sofern er sich auf den niedrigen Rubelkurs stützt und damit billig und mit billiger russischer Kraft die wertvollsten Bodenreichtümer in Sibirien, im Kaukasus usw. in Ausbeute nimmt.

Englische Kapitalisten hatten sich bereits 1912 eine Konzession zur Ausnutzung der Wasserkräfte des Terek- und des Göltscha-Sees (574 m über dem Meeresspiegel) erteilen lassen, welche den Kaukasusprovinzen 40000 kW liefern sollten. Ebenso sollen den Wasserfällen der Flüsse Kuban und Laba im Kaukasus 40000 P. S. entnommen werden. Andere Finanzgruppen beabsichtigen die finnischen Wasserkräfte auszubeuten. Zwei in Petersburg domizilierende Gesellschaften hatten Wasserrechte im Bezirke Wyborg erworben. Die letztere steht in Beziehung zur Bank für Elektrotechnische Unternehmungen in Zürich und damit zu belgischen und deutschen Finanzkreisen. Sie kontrolliert eine in Helsingfors ansässige finnländische Gesellschaft, von der die „Imatra-Gesellschaft" abhängt, der die Ausnutzung der Woksa-Wasserfälle konzessioniert wurde. Das letztgenannte, schon ausgearbeitete Projekt sieht die Ausbeutung von 85000 P. S. vor. In Zusammenhang damit steht die Elektrisierung der Eisenbahnlinie Wyborg—St. Petersburg und die Versorgung der beiden gleichnamigen Distrikte mit elektrischer Energie, deren Bedarf auf 1600 Mill. kWh jährlich geschätzt wird.

Die Regierung in Finnland hatte sich gleichfalls bereits 1913 mit der Ausnutzung der Imatrafälle für die Elektrisierung der Bahnen beschäftigt.

Mit der Elektrisierung der russischen Eisenbahnen, der Schaffung von Zentralen zur Stromversorgung der Industrie und die damit in Verbindung stehende Ausnutzung der Wasserkräfte, besonders des Imatrafalles in Finnland und der Kaukasusflüsse, muß trotz der Ungunst des Augenblicks auf alle Fälle gerechnet werden.

Das einzige Mittel zur Beseitigung der wirtschaftlichen Nachteile ist eben die Ausführung dieser großen Wasserkraftprojekte und der Bau von Großkraftzentralen.

Die Ausarbeitung dieser Pläne wird aber eine auf russische Verhältnisse abgeänderte Verstaatlichungsaktion erforderlich machen, ähnlich wie sie in Deutschland vertreten wird. Vielleicht wird aber auch die notwendige Zentralisierung des Elektrizitätswesens unter anderen als deutschen Gesichtspunkten vorzunehmen sein, vor allem, weil die Industrie sich immer an die Agrarwirtschaft wird anlehnen müssen.

Der Standort der neu anzulegenden Industrie wird hier überall an die Energiequellen zu legen sein, um die Industrieentwicklung desto rascher zu machen. Die russische Entwicklung wird aber sicherlich einen anderen Weg gehen als die der Länder, deren Industrie auf der Kohle als Grundlage gegründet wurde.

Rußland besitzt, abgesehen von den Hauptindustrieplätzen, sehr wenige Elektrizitätswerke und fast gar keine Überlandzentralen. 1913 hatten von 225 Elektrizitätswerken nur etwa ein Drittel Bedeutung. Von diesen arbeiten 47 mit Dampf und einer Gesamtleistung von 221000 kW.

Auch der Umbau und die Erweiterung der elektrischen Zentralen in St. Petersburg, das drei Elektrizitätswerke besitzt, die technisch und kommerziell aber mit geringem Wirkungsgrad arbeiten, müßte vorgenommen werden. Das gleiche gilt für viele andere elektrische Zentralen Rußlands.

Die elektrochemische Industrie Rußlands, die mit der Frage des Ausbaus der Wasserkräfte in engem Zusammenhang steht, ist noch in den ersten Anfängen. Aluminium wird in Rußland überhaupt nicht erzeugt. Die elektrochemische Erzeugung von Kaliumchlorat hatte eine Fabrik im Bezirk Petrikau und eine zweite Fabrik an den Imatrafällen. Fabriken zur Herstellung von Stickstoffverbindungen aus der Luft sind in Rußland nicht vorhanden. Die Elektrostahlerzeugung ist ohne Bedeutung. Wichtig wird aber die Kupfergewinnung werden.

Geographisch verteilt sich die Kupfergewinnung Rußlands für 1910 auf die einzelnen Gebiete:

Ural-Fabriken	11 080 t
Kaukasische Fabriken	7 940 t
Altai-Fabriken	60 t
Sibirische und kirgisische Fabriken	3 300 t
Chemische Fabriken und Raffinerien	950 t
	23 300 t

und privatwirtschaftlich auf die einzelnen Gesellschaften wie folgt:

Bogoslowski-Gesellschaft	rund	4530 t
Kaukasische Industrie- und Metall-Gesellschaft	„	3270 t
Spaßki-Gesellschaft (kirg.)	„	2620 t
Erben Demidow (Ural)	„	2235 t
Kaukasische Kupferindustrie-Gesellschaft	„	1695 t
Kyschtym-Gesellschaft	„	1577 t
Erben Siemens (Kaukasien)	„	1172 t
Erben Stenbock-Fermor (Ural)	„	947 t
Sysertski-Werke (Ural)	„	704 t

Rußland war nicht in der Lage, elektrolytisches Kupfer zu erzeugen.

Die Kupfergewinnung und die Kupfereinfuhr betrugen:

1913	34 300 t	6 300 t
1914	32 300 t	13 000 t
1915	26 500 t	42 500 t
1916		64 500 t
1917 etwa 60% von 1913	beinahe aufgehört.	

Das Altaigebiet besitzt Zukunft als Kupferlieferer. Auch im Gouvernement Kursk sind Kupferflöze entdeckt, die 58 v. H. Kupfer enthalten. Die Möglichkeit, die russischen Kupfererzlager zu erschließen, ist also vorhanden.

Nachdem Deutschland seine früheren Versorgungsquellen verloren hat, muß es den Ersatz in den hochwertigen Erzen suchen, die im russischen Kaukasusgebiet, Ural und in Sibirien vorkommen. Fast der gesamte Weltbedarf an Platin entstammt den Gruben des Ural.

Auch Georgien wird für die Industrie des Westens von großer Bedeutung werden. Von den Manganerzen von Tschiaturi wurden 48 % nach Deutschland, 25 % nach England und 12 % nach Belgien ausgeführt. Auch an zahlreichen anderen Orten Georgiens ist Mangan vorhanden. Bedeutende Eisenerze sind am Schwarzen Meer besonders in Radscha festgestellt. Kupfer ist in Alwerdi, Dsansul bis Telawi in reicher Menge vorhanden.

Die Kohlenvorräte sind bedeutend und die Ausbeute der Naphthaquellen, besonders bei Tiflis, Gori, Kutais und Osurgeti, wird begonnen. Die Wasserkräfte können mit 4 Mill. P. S. angesetzt werden.

Die russischen elektrotechnischen Fabriken haben der Entwicklung des Elektrizitätswesens nur in einigen Zweigen folgen können. Anlagen, die bestehen, verdanken meistens ausländischem Unternehmungsgeist ihr Entstehen. Die russische Kabelindustrie — nämlich die Vereinigten Kabelwerke Petersburg, die zum Siemens & Halske-Konzern gehörten, la Compagnie Générale d'Electricité Russe, ferner eine Zweigfabrik der Firma Felten & Guilleaume und die Werkstätten Koltschugin in Moskau und Kelerowo — war imstande, den nationalen Bedarf zu decken, da sie durch Zölle geschützt war. Den Bedarf in Telegraphen- und Telephonmaterial, namentlich in ersterem, konnte Rußland gleichfalls decken. Es bestanden in Petersburg die Aktiengesellschaft L. M. Ericsson & Co. und N. K. Heißler & Co. Der Import in Akkumulatoren hatte bereits mit dem Wettbewerb der Petersburger Tudorfabrik zu rechnen. Für elektrische Antriebsmaschinen bestanden die Compagnie Générale d'Electricité Russe mit Fabriken in Riga, die russischen Siemens-Schuckertwerke in Petersburg, die Compagnie Russe d'Electricité Dynamo in Moskau, die der amerikanischen Westinghouse - Gesellschaft nahestand und die A.-G. Volta in Reval. Es erscheint ausgeschlossen, daß diese Anlagen, sofern sie lieferfähig sind, der Nachfrage genügen könnten, die von der künftigen Entwicklung der elektrischen Einrichtungen in Rußland zu erwarten ist. Hier ist zu beachten, daß im Jahre 1912 von dem gesamten Import an Elektromaterial nach Rußland 86,6 % aus Deutschland kamen, 6 % aus England und 1,8 % aus den Vereinigten Staaten.

Die Entwicklung der Einfuhr von elektrischem Material in den Jahren 1904—1913 ist aus der nachstehenden Tabelle ersichtlich:

Jahr	Elektrische Artikel Mill. Rubel	Elektrische Metallwaren Mill. Rubel
1904	4 472	96 167
1906	5 567	106 969
1908	7 073	139 616
1910	10 888	186 006
1912	17 014	229 201
1913	25 240	259 718

Dieser lebhafte Bedarf Rußlands hat und wird weiter seinen Grund in der geringen Zahl der Gasanstalten haben, von denen für die Zwecke des allgemeinen Verbrauches nur 20 vorhanden waren. Der Entwicklung der Elektrizitätsversorgung aber stand die Langsamkeit und Umständlichkeit der staatlichen und städtischen Verwaltungsbehörden entgegen. Ob diese zurzeit verbessert sind, läßt sich nicht entscheiden.

1915 sind aus der Liquidation der russischen Allgemeinen Elektrizitätsgesellschaft, sowie der Aktiengesellschaft russischer elektrotechnischer Werke Siemens & Halske und Siemens-Schuckert, der Vereinigten Kabelwerke, die von der russischen Regierung gegründete „Allgemeine Elektrizitäts-Compagnie" und die „Russische Gesellschaft Siemens" hervorgegangen. Die Regierung hatte für sich die Beteiligung in einer Höhe vorgesehen, daß sie einen gewissen Einfluß auf die Geschäftsleitung erlangte, ohne aber den kaufmännischen Charakter der Unternehmungen in einen behördlichen umzuwandeln.

Ihre Hauptsitze hatten die Siemens-Unternehmungen in Petersburg, Imatra und Baku. Zu der Gruppe des Konzerns der Allgemeinen Elektrizitätsgesellschaft gehörten die Elektrizitäts-Gesellschaften von Odessa, von Kiew und die Zentral-Elektrizitäts-Gesellschaft. Sie betrieb die elektrischen Bahnen von Moskau, Petersburg, Warschau und die Beleuchtungszentrale von Riga, Wilna, Wladiwostock, Charkow, Jaroslaw und andere.

Die russischen Akkumulatorenwerke Tudor, an der die Akkumulatorenfabrik A.-G. Berlin-Hagen beteiligt ist, sollte unter dem Namen „Russischer Akkumulator" als rein russische Gesellschaft weitergeführt werden.

Die am 28 Juni 1918 dekreditierte Verstaatlichung der wichtigsten industriellen Unternehmungen hat den Zusammenbruch nach sich gezogen. Die Arbeitsfähigkeit hörte auf, da private Aufträge fehlten und die Preise auf Grund der geringen Produktion scharf stiegen. Die Regierung mußte durch Vorschüsse die Bezahlung der Löhne und Gehälter übernehmen, da die Erträgnisse hierzu nicht in der Lage waren. Die Unternehmungen wurden Schuldner der Regierung, ohne Aussicht, die Schulden wieder abzutragen. Die Moskauer A.-G. für elektrische Kraftübertragung hat, wenn auch unter außerordentlichen Erschwernissen, den Betrieb ihrer auf eigenen großen Torffeldern in der Nähe von Moskau errichteten und erst seit Ende 1914 fertiggestellten Kraftwerke fortführen können, die alleinige Kraft- und Lichtquelle der alten russischen Hauptstadt. Von den Unternehmungen der Imatra-Société Anonyme pour la Production et la Distribution de l'Energie électrique Bruxelles, ist die Elektrizitätsversorgung der Umgebung von Petersburg durch die russische Überlandzentralen-A.-G. ebenfalls durch die russischen Verstaatlichungsmaßnahmen erfaßt. Die auf finnländischem Gebiete gelegenen Wasserkräfte der A.-G. Force sind dagegen unangetastet geblieben.

An Telephonmaterial wird auf Einfuhr zu rechnen sein, ebenso Kabel, die infolge des Mangels an Isoliermaterial und Kupfer nicht zu erhalten waren. Telegraphische und radiotelegraphische Apparate müssen auf Grund des neuesten Standes auf diesem Gebiet eingeführt werden. Isolatoren, Dynamomaschinen, Transformatoren, Akkumulatoren, Elemente und Batterien, sowie Taschenlampen kann die russische Industrie liefern, sofern sie wieder in Gang kommt. Dagegen wird Rußland in größerem Umfange Straßenbahn-Bedarfsgegenstände benötigen, wie Wagen, Stromabnehmer, Glühlampen, Montagematerial. Maßgebend für den russischen Markt wird es sein, ob Deutschland in der Lage sein wird, nach Rußland zu liefern. Amerika-England und Frankreich werden die Einfuhr nach Rußland in größerem Umfange zu verhindern suchen und besitzen auch die Mittel dazu. Lieferangebote aus Japan sind ebenfalls zu erwarten. Ob Japan auch die Aufträge gewissenhaft ausführen wird, von wo ans besonders Straßenbahnwagen zu beziehen wären, ist unbestimmt. Der Bezug von Fertigfabrikaten und Montagematerial aus dem Ausland kann für Rußland auf Schwierigkeiten stoßen. Es ist fraglich, ob bei Bezug von Rohstoffen und Zubehörteilen in Rußland selbst mit Unterstützung der Regierung die heimische Industrie zur Produktion zu organisieren ist, wenn Rußland den Ingenieur nicht importieren kann.

Rußland wird auf lange Zeit mit seinem elektrotechnischen Bedarf noch immer vom Ausland abhängig bleiben. Rußland ist kein Industriestaat und wird sicher bald gezwungen sein, mit Hilfe von Konzessionsangeboten und Kreditgesuchen im Ausland Rettung aus dem selbstgeschaffenen Chaos zu suchen.

Verschiedene Industrieunternehmungen sind schon ihren ursprünglichen Besitzern gegeben worden. Der Staat hat nur die alleinige Entscheidung in Fragen der Lohnfestsetzung und der Arbeitsverfassung behalten, die Privateigentümer aber setzen wieder ihre Verkaufspreise selbst fest. Die Vergesellschaftung war vielleicht zunächst unvermeidlich, weil die zügellos gewordenen Arbeiter bereits von den Fabriken und Werkstätten Besitz ergriffen hatten und auf dem besten Wege waren, sie durch Vernachlässigung zugrunde zu richten. Es wurde nicht gearbeitet, die Maschinen wurden verkauft usw.

Der Zeitlohn, die Prämienzahlung, die Festsetzung von Mindestleistungen usw. hat auch zu einer Steigerung der Produktion geführt.

Deutschland muß die Vorbereitungen in stärkstem Maße aufnehmen, um den Markt durch Ingenieure, die der Landessprache kundig sind, zu bearbeiten, und der Annoncenteil der russischen Fachblätter muß seitens der deutschen Fabrikanten ausgiebig benutzt werden. Hierin werden Amerika-England und Frankreich großzügig arbeiten.

Der frühere Weitblick der deutschen Unternehmer, die große Kapitalien in die elektrische Industrie Rußlands steckten, um dort festen Fuß zu fassen, und die 'keinerlei Scheu vor Verlusten bei Kreditgewährung hatten, muß bei Verständnis unserer Arbeiterschaft noch erweitert werden.

Die deutsche Einfuhr wird den Bedürfnissen des Marktes zu entsprechen haben. Die Preislisten müssen wieder in russischer Sprache aufgemacht werden. Drei Dinge sind in erster Linie erforderlich, um mit Rußland Handelsverbindungen anzuknüpfen: Kaufmännische Flottheit, Sprachkenntnisse und Kredit.

Das hauptsächlichste Übergewicht wird aber auch weiterhin in der genauen Kenntnis der gesamten russischen Zustände, der Zollverhältnisse, der Transportmittel und ihrer Tarife und endlich in der Erfahrung bezüglich der Art, mit der russischen Verwaltung zu verkehren, bestehen.

Zu beachten ist aber, daß voraussichtlich Individualgeschäfte nur einen kleinen Teil des Gesamtgeschäftes darstellen werden.

Rußland hat hier eine durchgreifende Umstellung seiner Nationalwirtschaft auf die Monopol- und Genossenschaftswirtschaft vorgenommen.

Der unmittelbare Warenaustausch mit Rußland wird nur auf dem Wege des Vertragsabschlusses mit der Sowjet-Republik möglich sein. Daß der russische Staat das Außenhandelsmonopol aufgeben wird, ist wohl ausgeschlossen. Der Weg aber, über die Genossenschaften das staatliche wirtschaftliche System zu erschüttern und danach dem westlichen Kapital-System den ungehinderten Zutritt in den russischen natürlichen Reichtum zu eröffnen, ist durch die Richtung der russischen wirtschaftlichen Zusammenschlußpolitik nicht so einfach gangbar. Danach werden gesetzlich alle Konsumverbände und Vereine eines Bezirks zu einem einheitlichen Verbraucherverband zusammengeschlossen. Die eine Komponente sind die industriellen Arbeiterverbände aus den Städten und die andere die landwirtschaftlichen Konsumgenossenschaften. Der gesamte Zusammenschluß geht über die Provinz- und Landesverbände einschließlich des Verwaltungsapparates bis zur Zentralkörperschaft, dem Centrosojus. Die Durchführung dieses Gesetzes nimmt den Genossenschaften ihre Selbständigkeit, sie sichert aber die nationalisierte Gesamtwirtschaft gegen den Westen. Die Konsumgenossenschaften sind für die Verteilung der Güter organisiert. Sie werden also ihre Organisation auch auf die Lieferung von Ausfuhrwaren aus Rußland einstellen müssen.

Das russische Genossenschaftswesen besteht aus 3 Gruppen: den Kredit-, Konsum- und den landwirtschaftlichen Genossenschaften. Die ersteren besitzen zurzeit nicht die Bedeutung, da die russischen landwirtschaftlichen Genossenschaften kein Bedürfnis nach Kredit besitzen. Von größter Bedeutung aber sind die Konsumgenossenschaften, die bereits das ganze russische Land umfassen.

In Sibirien wiederum ist der allsibirische Zentralverband der sibirischen Genossenschaftsverbände. Derselbe besitzt 34 Verbände, die etwa 55% der Bevölkerung und 71% aller wirtschaftlichen

Betriebe umfassen. Der Einkauf und der Absatz von Rohstoffen wird mit Hilfe von Zweigstellen in Sibirien, im europäischen Rußland und im Ausland durchgeführt werden.

In der Ukraine sind 3 große Zentralverbände vorhanden, die ihre völlige Selbständigkeit gegenüber Moskau zu wahren wissen. Das Ukrainer Genossenschaftswesen umfaßt 20 Mill. Menschen und zählt 20 000 Genossenschaften, die in Distrikts- und Zentralverbände gegliedert sind. Alle Kredit- und Sparkassen-Genossenschaften der landwirtschaftlichen Industrie müssen sich dem Zentral-Komitee der Konsum-Genossenschaften anschließen.

Die wirtschaftlichen Beziehungen zum Auslande sind im Sinne des Tauschsystems gedacht. Die Handelsvertreter der russischen Genossenschaften werden unmittelbar die Beziehungen zu ihren Genossenschaften vermitteln. Der Zentralverband in Moskau hat von der Sowjet-Regierung die Genehmigung, mit den Genossenschafts- und Verbandsfirmen Westeuropas, Amerikas und anderen Ländern Beziehungen anzuknüpfen.

Die Zweigniederlassungen der Moskauer Volksbank in London und in New York vermitteln den Anschluß an den internationalen Geldmarkt.

In London hat sich ein Entente-Komitee gebildet, das die Durchführung der Handelsbeziehungen mit Rußland auf der Grundlage der Gegenseitigkeit der Entente-Mitglieder prüft. Der Centrosojus, der allrussische Zentralverband der Konsumgenossenschaften, hat seinerseits in Japan eine Zweigstelle eröffnet, um den Einkauf für Sibirien an Fertigfabrikaten durchzuführen.

Der Zusammenschluß der einzelnen Genossenschafts-Bezirke in eine Zentral-Genossenschaft, den Moskauer Verband, ist trotz der südlichen Widerstände als abgeschlossen zu betrachten. Damit sind nach innen die Einkaufs- und Absatzmärkte gesichert, und der geschlossene national-russische Handel für den Weltmarkt in die Wege geleitet.

Die Wiederaufnahme der Handelsbeziehungen auf dem Wege über die russischen Genossenschaften kann aus innerpolitischen Gründen auf Schwierigkeiten stoßen. Die Genossenschaften müssen Bewegungsfreiheit zur Organisation des Warenaustausches, also zum Zusammenbringen und Transport, besitzen. Da aber die landwirtschaftlichen Genossenschaften der Sowjet-Regierung ablehnend gegenüberstehen, wird die letztere den Genossenschaften schwerlich gestatten, den russischen Außenhandel und damit das russische Wirtschaftsleben völlig in Gang zu bringen und dadurch ihre Stellung in Rußland zu verstärken. Das Mittel hierzu ist sehr einfach. Abgesehen von den Schwierigkeiten, die Ware von den Bauern zu holen und ihnen die Austauschware zu bringen, ist diese stets dem Zugriff der Bolschewisten ausgesetzt.

Die Unkenntnis über die Menge von Vorräten, die Spekulationen und andere Ursachen können das Austauschsystem zum Stillstand bringen. Für jede einzelne Ware und für jeden einzelnen Fall ist z. B. von der Abteilung für Handel und Industrie die Erlaubnis zur

Ausfuhr zu erteilen, die nur gegen hohe Gebühren zu erhalten ist. Diese bürokratische Methode erschwert den Handel, läßt die Beamten selber mit Handelsunternehmungen in Beziehungen treten und auf eigene Rechnung Handel treiben. Es werden gebildete, erfahrene Geschäftsleute mit technischer Ausbildung nach Rußland gehen und dort die Pläne in Angriff nehmen müssen.

Das erste Erfordernis ist, Rußland transport- und austauschfähig zu machen.

Sicherlich ist aber die Ein- und Ausfuhr durch die großen Entfernungen und Zerstörung des Verkehrswesens aufs äußerste erschwert, abgesehen davon, daß die greifbare Menge an Austauschgütern überhaupt nicht kontrollierbar ist.

Deutschland kann den Eisenbahnverkehr, den Post- und Telegraphendienst herstellen, landwirtschaftliche Maschinen und elektrotechnische Erzeugnisse sofort einführen, gegen Kompensation von Getreide, Vieh und Hanf. Für den Ein- und Ausfuhrverkehr ist die Lage Deutschlands die günstigste.

Südrußland scheint schneller in Gang zu kommen und von hier aus scheint die Entente einschließlich Amerika eindringen zu wollen.

Der Warenknotenpunkt für den Handel mit Südrußland ist „Konstantinopel". Von dort wird sie über Batum durch den Kleinhandel dem Binnenlande zugeführt.

In Transkaukasien steigt der britische und italienische Handel. Ohne Bedeutung ist der Frankreichs.

In Mailand ist eine Organisation für den Warenaustausch mit Rußland geschaffen. Der Chef der Handels- und Industrie-Abteilung hat die Gründung dieser russisch-italienischen Aktien-Gesellschaft bestätigt. Die Gesellschaft wird aus Italien die technischen Materialien zur Wiederherstellung der Bergwerke, metallurgischen Unternehmungen und des Eisenbahntransportes einführen.

In Rom ist ein italienisch-russisches Industrie- und Handels-Syndikat gebildet. Die Banka-Italiana di Sconti mit ihrem Hauptsitz in Rom hat Zweigstellen in Tiflis, Batum, Großny und. anderen Städten eingerichtet.

In Washington hat sich die Großindustrie organisiert, um den regelmäßigen Warenaustausch durch die alleinige Vermittelung der Genossenschaftsorganisation zu ermöglichen.

Die englische Cunard-Linie hat regelmäßigen Dampferverkehr zwischen England und den Häfen des Schwarzen Meeres eingerichtet.

In Batum und Noworrossijsk sind besonders Motore, Telephonapparate und landwirtschaftliche Maschinen usw. ausgeladen. Auch in Georgien und Transkaukasien ist auf starken Absatz elektrischer Apparate zu rechnen. Augenblicklich führt Italien ein.

Die russischen Mangan-, Erz- und Kupferunternehmungen gehen langsam in die Hände der Amerikaner, Engländer und Italiener über, die sämtlich Exportgesellschaften gründen. England hat sich durch die „Levante"-Gesellschaft den Einkauf der gesamten Mangan-Erze gesichert unter Garantie einer Mindestlieferung. Wird diese Mindestlieferung nicht erreicht, so wird die Gesellschaft Eigentümerin der Bergwerks-Unternehmungen, die den Vertrag unterzeichnet haben. Ebenso hat sich auch England das Recht der regelmäßigen Einfuhr von Mineralöl aus Südrußland gesichert.

Die südrussischen Ölfelder werden bei ihrer Wiederherstellung sicherlich eine führende Stellung in Europa einnehmen. Die herrschenden Betriebsschwierigkeiten haben zurzeit die Produktion in den nordkaspischen Ölfeldern stark verringert und zeitweilig zu ihrer Einstellung geführt.

Die Schwarzmeerbahn auf der Strecke Neu-Ssebaki—Chsta ist einschließlich der Station Batum unter englischer Kontrolle. Der Unterhalt der Bahneinrichtung mit den Telegraphen- und Signalstationen ist Sache der georgischen Regierung. Für das Recht des Betriebes zahlt die georgische Regierung der englischen 100 000 Rubel monatlich. Die britische Behörde hat das Recht, im Vertrage Änderungen vorzunehmen oder ihn ganz aufzuheben.

Das Ausland hat natürlich die Absicht, durch Abschlüsse von Privatverträgen Konzessionen oder besondere Einfuhrbedingungen zu erreichen.

Der Tausch und Handel zwischen Sibirien und Japan wird mit Sicherheit von Jahr zu Jahr wachsen und sich besonders auf Metallwaren erstrecken.

In Sibirien erscheinen amerikanische und auch englische Waren am Markte, die teurer aber besser als die japanischen sind. Gern gesehen wären dort deutsche Waren. Für Sibirien muß die Ausfuhr der Rohstoffe organisiert werden.

In Sibirien herrscht Mangel an elektrischem Material und landwirtschaftlichen Maschinen. Da der Import der schlechten sibirischen Bahnverhältnisse wegen über Europa-Rußland gehen muß, haben auch die Ostseeländer neben Japan gute Aussichten.

Deutschland wird Rußlands Bedarf nicht decken können und Rußland wird sich wirtschaftlich enger an Amerika und England anschließen. Amerika, England und Japan besetzen den russischen Markt.

Die Aufnahme der Handelsbeziehungen verlangt aber auch den Ausbau der Produktivkräfte Rußlands. Hierfür hat die Sowjet-Regierung mehrere Wege. Die Verpachtung der Industrie an Unternehmergruppen würde zwischen Arbeitgeber und Arbeitnehmer kein Verhältnis schaffen, das die Arbeitsleistung fördert.

Die im Austausch erhaltenen Rubel werden wiederum am besten im Lande zur Kapitalisierung von Werken verwendet, um die risikolose Grundlage für den Geschäftsbetrieb zu besitzen.

Ob die Form der sozialen Staatsmonopole, wie sie Rußland auszubilden scheint, die Lösung bringen können, ist fraglich. Wird der Wettbewerb, die Triebfeder für die Entwicklung eines Industriezweiges, ausgeschaltet, so sind brauchbare Wege zur Hebung der Produktion hohe Löhne nicht allein. Wird die Produktionsstätte dem Privateigentümer überlassen und nur die Übernahme und Verwertung der Erzeugnisse sichergestellt, so kann vielleicht die Initiative der Betriebsführung und die Förderung der Produktion und Ertragsfähigkeit des Unternehmens steigen. Die Errichtung von Wirtschaftsbünden wird auch für Rußland am ehesten die Ein- und Verkaufsbedingungen für das In- und Ausland regeln und den Ausgleich zwischen Unternehmer, Handel und Arbeitnehmer herbeiführen.

Die Haupthindernisse des Landes, die geringe Leistung und der Mangel an Arbeitswillen werden jetzt beseitigt.

Die Betriebsräte und Arbeitsausschüsse, die nur Unordnung in die Betriebe gebracht haben, sind abgeschafft und an die Spitze bedeutender Unternehmungen Diktatoren mit ausgedehnter Machtbefugnis gestellt. Der achtstündige Arbeitstag ist verlassen. Die Ausgabe von Arbeitsbüchern ist in Moskau und Petersburg bereits zur Ausführung gekommen. Wer nicht im Besitze eines Arbeitsbuches ist, wird einem Sonderausschuß vorgeführt, der ihm körperliche Arbeit zuweist. Arbeitsarmeen werden mobilisiert, um die Industriewerke des Uralgebietes wieder in Ordnung zu bringen. Die Maßnahme, die Arbeiterzahl zu erhöhen, kann zu einer Steigerung der Produktion führen. Das ganze wirtschaftliche System der Sowjet-Regierung wird sich zu gar nichts anderem als zu einer Diktatur der Ein- und Ausfuhr entwickeln können.

Dieser staatlichen Monopol- und Genossenschaftswirtschaft muß deutscherseits durch die Gruppe ein Zusammenfassen der industriellen Lieferungen gegenübergestellt werden.

Da alle Handelsgeschäfte mit besonderen Stellen abzuwickeln sind, werden die Pläne des Warenaustausches genau aufzustellen sein.

Der Wirtschaftsaufbau und die Neuanknüpfung des Außenhandels geht mehr in die Hand von Wirtschaftsverbänden über. Der Deutsch-Russische Verein, der Deutsch-Rumänische Wirtschaftsverband, der Deutsch-Chinesische Verband suchen die entsprechenden Firmen wieder für den Handelsverkehr zu erfassen. Die größten haben sich bereits zu dem Verband Deutsch-Ausländischer Wirtschaftsvereine zusammengeschlossen.

Rußland wird in die Weltwirtschaft nur hereinkommen, wenn die Transportkrise durch Lieferung von Eisenbahnmaterial aller Art behoben und irgendeine für den Tauschhandel brauchbare Währung geschaffen ist.

Eine Sonderwährung müßte durch Waren und nicht durch Gold gedeckt sein für das Inland wie für den Bedarf des Außenhandels. Die Währungsfrage wird aber durch die großzügigen Geldfabriken des Staates und der einzelnen Orte immer schwieriger.

Rußland wird für den Import eine Benachteiligung Deutschlands durch Spezialtarife nicht vornehmen können. Eingangszölle wird keine russische Regierung mit Rücksicht auf die notwendige Erhaltung der eigenen Industrie ganz abschaffen können. Eine Kombination von Finanz- und Zollgeschäft muß uns hierbei in den Stand setzen, die russischen Fabrikatzölle tief zu halten. Der

Abschluß eines Handelsvertrages, der die Fabrikatausfuhr für längere Zeit binden würde, ist unter den jetzigen Verhältnissen nicht möglich.

Rußland muß bei Deutschland Unterstützung seiner Außenpolitik finden. England, dem Deutschland jetzt ohne Kolonialbesitz, ohne Überseehandel, ohne eine eigene Handelsflotte und teilweise ohne eigene Nachrichtenmittel gegenübersteht, sieht, daß der wirtschaftliche Neuaufbau Rußlands vor sich geht und sucht nunmehr Deutschland auch von der wirtschaftlichen Arbeit in Rußland auszuschließen. Nach dem Friedensvertrag, der die notwendigen Grundlagen der deutschen Wirtschaft im Interesse Englands zerstört hat, ist Deutschland verpflichtet, unabhängig von seinen nationalen Interessen, alle Verträge anzuerkennen. Für den Süden des Landes, der Kornkammer Rußlands, ist die erste Forderung: völlige Sicherheit des Exports. Eine Unterbindung seines Absatzweges durch die Dardanellen trifft Handel und Rubelkurs und damit die gesamte russische Wirtschaft an der empfindlichsten Stelle.

Alle Randstaaten werden sich aus wirtschaftlichen Gründen auch in absehbarer Zeit zu einem förderativen Verband mit Rußland zusammenschließen müssen.

Ebenso verständlich ist das russische Streben an die See auf dem Wege über die Nordküste, über Ostasien durch Vermittlung der transsibirischen Bahn, in Zukunft eine der wichtigen Verkehrsstraßen der Welt, und über Persien.

Aber auch das allslawische Problem wird wieder erscheinen. In dieser Richtung bestehen zwischen Deutschland und Rußland keinerlei Reibungsflächen mehr. Charakteristisch ist, daß in Prag eine Allslawische Handels-Industriegesellschaft gegründet ist mit dem Ziel, die Handelsbeziehungen aller slawischen Völker zu einer wirtschaftlichen Einheit auszubilden. Hierzu werden die slawischen Völker mit den Bedingungen für ihre wirtschaftlichen Beziehungen untereinander bekannt gemacht. Handel und Industrie sollen auf der Grundlage des gegenseitigen Austausches und die Regelung der Handelsbeziehungen zwischen den slawischen Völkern und anderen Staaten im allslawischen Interesse geführt werden. Jedes Land wird eine Fachzeitschrift in mehreren slawischen Sprachen herausgeben, welche die Anordnungen der Regierung, die Bedingungen des Warenaustausches, des Verkehrs, der Zoll, und Tarifsätze enthalten wird. Das Gründungskapital der Gesellschaften beträgt 10 Mill. tschechische Kr.

Enge Beziehungen zwischen Deutschland und Rußland sind eine unbedingte Notwendigkeit.

Ein wichtiges Bindeglied werden die deutschen Land- und Industrie-Kolonisten werden.

Aus den gesamten Ausführungen geht hervor, daß mit einer außerordentlichen Steigerung des Weltbedarfes zu rechnen ist und daß genügend wirtschaftlich gesicherte Unternehmungen zur Ausführung kommen werden.

Der Ausbau der Wasserkräfte, Braunkohlenfelder und Torfmoore, sowie die Elektrisierung der Bahnen kann in den meisten Ländern nicht mehr aufgeschoben werden.

Über die ungeheure Menge der Wasserenergie, die sich im Gegensatz zur Kohle periodisch ständig erneuert und den Teil, der erst ausgebaut ist, gibt die Zusammenstellung für die einzelnen Länder eine Übersicht, die noch sehr der Ergänzung bedarf:

Land	Fläche in Quadratmeilen [2])	Bevölkerung nach der letzten Zählung	Ausgenutzte	Verfügbare	Ausgenutzte Pferdekr. in v. H.	Ausgenutzte	Verfügbare	Ausgenutzte	Verfügbare
			Wasserkräfte			P. S. auf eine Quadratmeile		P. S. auf den Kopf der Bevölkerung	
Vereinigte Staaten ..	2 973 890	98 783 300	7 000 000	28 100 000	24,9	2,35	9,4	0,071	0,28
Kanada „A" [1])	2 000 000	8 033 500	1 735 000	18 803 000	9,2	0,87	9,4	0,216	2,34
Kanada „B" [3])	927 800	8 000 000	1 725 000	8 094 000	21,3	1,86	8,7	1,216	1,01
Österreich-Ungarn ..	261 260	51 171 800	566 000	6 460 000	8,8	2,17	24,8	0,011	0,13
Frankreich .	207 500	39 601 500	1 100 000	5 587 000	11,6	3,14	26,8	0,016	0,14
Norwegen ..	124 130	2 397 380	1 120 000	5 500 000	20,4	9,02	44,3	0,468	2,30
Spanien ...	190 401	19 588 700	440 000	5 000 000	8,8	2,31	26,3	0,022	0,26
Schweden ..	172 960	5 522 400	704 500	4 500 000	15,6	4,08	26,0	0,127	0,81
Italien	91 400	8 601 600	976 300	4 000 000	24,4	10,7	43,8	0,034	0,14
Schweiz ...	15 976	3 781 500	511 000	2 000 000	25,5	32,0	125,2	0,135	0,53
Deutschland	208 800	64 926 000	618 100	1 425 000	43,4	2,96	6,8	0,010	0,02
Großbritannien	88 729	40 831 400	80 000	963 000	8,3	0,91	10,9	0,002	0,02

Dieser mechanischen Energiequelle sei die kalorische: Kohle und Petroleum gegenübergestellt. Der Weltbestand der Kohle ist in

Milliarden t

Deutschland vor Friedensvertrag . . . 423,3

England 192,5

Frankreich 17,5

Rußland 60

Österreich-Ungarn 59

Italien 0,25

Belgien 11

Spanien 8

Niederlande 4,5

Spitzbergen 8

Asien 1279

Nordamerikanischer Kontinent 5100

Ozeanien 170

Afrika 57

Südamerika 32

Weltvorkommen 7400

---

[1]) „A" bedeutet Kanada mit Anschluß der nördlichsten Landesteile, in denen eine Ausnutzung der Wasserkräfte in absehbarer Zeit unwahrscheinlich ist.
[2]) „B" ist in „A" enthalten und umfaßt nur die wirklich besiedelten Landesteile.
[3]) 1 square mile = 2,589 qkm.

und die Gewinnung von Rohöl in den Jahren 1913—1918 (in t)

	1913	1914	1915	1916	1917	1918
Vereinigte Staaten	33 132 295	35 436 773	35 655 129	39 701 000	44 127 799	46 179 183
Rußland.	9 139 123	9 019 966	9 402 120	9 932 017	8 700 460	4 676 500
Rumänien.	1 885 619	1 783 947	1 673 145	1 432 296	510 456	1 242 381
Galizien.	1 068 166	876 634	759 167	895 590	806 980	772 946
Mexiko	3 686 175	3 858 810	4 939 192	5 611 503	8 242 565	10 000 000
Niederländ.- Indien	1 534 223	1 634 403	1 674 553	1 756 674	1 768 391	1 800 000
Britisch-Indien . .	1 038 850	1 066 667	1 069 256	1 097 198	1 128 300	1 150 000
Japan.	258 934	365 117	416 161	389 644	394 655	400 000
Übrige Länder . .	484 752	686 924	711 302	812 531	1 075 758	1 200 000
Welterzeugung . .	52 228 137	54 729 241	56 300 025	61 628 454	66 755 364	67 421 000

Auf einen Punkt sei an dieser Stelle hingewiesen. England hat das Ziel, britische Rohölproduktionsgebiete zu schaffen. Um die Ölfrage im britischen Interesse zu lösen, hat auch England selbständig das Mandat über Mesopotamien übernommen. Britisches Kapital ist in erheblichem Umfange in die Chell-Petroleumgesellschaft und die Königlich-Niederländische Petroleumgesellschaft eingedrungen, um diese großen Ölquellengebiete zu erschließen. Die Anglo-Persische Petroleumgesellschaft soll gleichfalls diesem Konzern angegliedert werden, der eine private Unternehmung mit englischen Aufsichtsräten werden wird. Durch diese Konzentrationsbewegung hat England für sich ein Gegengewicht gegen die amerikanische Standard-Öl-Company geschaffen. So stehen jetzt praktisch einschließlich der Südamerikanischen Ölfelder 75 % der Anteile an den Ölquellen der Welt unter britischem Einfluß, der bei Kriegsbeginn nur 2 % betragen hatte. Die Monopolstellung Englands als Petroleumlieferant für weite Teile der Erde ist damit begründet.

Der gesamte Energieverbrauch der Erde kann auf etwa 120 Mill. P.S. geschätzt werden, worin die Energieformen Dampf, Gas und Elektrizität enthalten sind. Es verbrauchen

    1. die Fabriken, Straßenbahnen
       und die elektrische Beleuchtung   75 Mill. P. S.
    2. die Eisenbahnen. . . . . 21 „   „
    3. die Schiffe . . . . 24 „   „

Die 75 Mill. P. S., die in Fabriken und Städten verbraucht werden, verteilen sich wie folgt:

    Großbritannien mit Kolonien . . 19 Mill. P. S.
    Europäisches Festland . . . . . 24 „   „
    Vereinigte Staaten . . . . 29 „   „
    Asien und Südamerika . . . . . 3 „   „

Um die Produktionskosten durch Verminderung der Frachtspesen zu verringern, wird der schnelle Ausbau der Wasserstraßen mit der Ausnutzung der Wasserkräfte in Angriff zu nehmen sein.

Hierzu kommt der elektrotechnische Bedarf für den allgemeinen Wiederaufbau und auch der spätere normale Bedarf. Der Weltbedarf an elektrischen Maschinen und Einrichtungen muß steigen. Ein scharfer Kampf zwischen den elektrotechnischen Industrien der einzelnen Kontinente wird demnach einsetzen. Aussicht auf Erfolg wird das Land haben, das durch geringe Steuerbelastung, schnelle Liefermöglichkeit und die beste Organisation aller finanziellen, technischen und wissenschaftlichen Kräfte einen Vorsprung erhält.

Die Wahrscheinlichkeit, daß Deutschland seine weltbeherrschende Stellung auf elektrotechnischem Gebiete nicht wird behaupten können, ist vorhanden. Die hohen Rohstoffpreise, die Deutschland zahlen wird, und die Last des sogenannten Friedensvertrages, sind Faktoren, die den größten Teil des Welthandels nach Amerika-England leiten müßten. Schließlich besitzt aber kein Volk im eigenen Lande alle wirtschaftlichen Rohstoffe und technischen Hilfsquellen für seine Industrie. Auch die Vereinigten Staaten von Nordamerika haben trotz des durchbrochenen deutschen Kalimonopols die Abhängigkeit von Deutschland in Kali nicht völlig verloren.

Schließlich wird bei den entwickelten Verkehrsverhältnissen und der Durchdringung der Wirtschaft aller Länder der Zustand wiederkehren, daß dort gekauft wird, wo besser und billiger geliefert wird, was die nationale Industrie nicht zu liefern vermag.

Es ist Pflicht, die bei uns reich entwickelte und leistungsfähige Privatinitiative schnellstens zu einheitlicher Leistung zusammenzufassen, so daß alles auf höchste Leistung eingestellt und durch unsere bewährten Betriebsleiter, Meister und einen ständigen Arbeiterstamm auch dauernd auf höchster Leistung gehalten wird.

Die schaffend leitenden Kräfte werden nach wie vor auf achtstündige Arbeitszeit verzichten müssen. Dann wird die deutsche Elektrotechnik „bei einheitlicher technisch-wissenschaftlicher Organisation, scharfer Betriebsorganisation und im kaufmännischen Geiste geleiteter Auswertung der Fabrikate" wieder vorwärts kommen.